说谎的大脑

小故事、统计和研究
如何利用我们的偏见

（Alex Edmans）
[英] 亚历克斯·爱德蒙斯
—— 著 ——

杨菲　郑美怡—— 译

May Contain Lies

机械工业出版社
CHINA MACHINE PRESS

在这个后真相世界里，我们每天都在经受各种故事、统计和研究结论的误导，区分虚构与真实比以往任何时候都更加重要。因为人类大脑天生的确认偏误和"非黑即白"思维，我们可能会踏上"误解之梯"，把陈述误认为事实、把事实误认为数据、把数据误认为证据、把证据误认为证明。《说谎的大脑》以严谨的逻辑和生动的案例，详细分析了陈述、事实、数据、证据和证明的进阶关系，帮我们远离"误解之梯"，在生活、工作和学习中更加靠近真相，让我们能更聪明地思考、打造能更聪明思考的组织和社会。

北京市版权局著作权合同登记　图字：01-2024-4903 号。

图书在版编目（CIP）数据

说谎的大脑：小故事、统计和研究如何利用我们的偏见 /（英）亚历克斯·爱德蒙斯（Alex Edmans）著；杨菲，郑美怡译. -- 北京：机械工业出版社，2025. 2.
ISBN 978-7-111-77493-8

Ⅰ. R338.2

中国国家版本馆CIP数据核字第20255R0T74号

机械工业出版社（北京市百万庄大街22号　邮政编码100037）
策划编辑：廖　岩　　　　　责任编辑：廖　岩　刘林澍
责任校对：王　延　张亚楠　　责任印制：单爱军
保定市中画美凯印刷有限公司印刷
2025年7月第1版第1次印刷
145mm×210mm · 11印张 · 1插页 · 217千字
标准书号：ISBN 978-7-111-77493- 8
定价：69.00元

电话服务　　　　　　　　　　网络服务
客服电话：010-88361066　　机 工 官 网: www.cmpbook.com
　　　　　010-88379833　　机 工 官 博: weibo.com/cmp1952
　　　　　010-68326294　　金 书 网: www.golden-book.com
封底无防伪标均为盗版　　机工教育服务网: www.cmpedu.com

本书的赞誉

关于我们被欺骗和欺骗自己的无数种方式的总结。

——《卫报》(*The Guardian*)

让我们成为更好、更具批判性的思考者的一部头脑清晰的指南。

——《泰晤士报》(*The Times*)

让每个人都能成为更聪明的思考者的计划。

——《金融时报》(*Financial Times*)

为什么错误信息是影响我们所有人的问题——无论是在金融、政治、媒体、商业还是任何地方——的一个有力解释。爱德蒙斯提供了应对这一问题的清晰思路，不仅针对我们的生活，更涉及整个社会。及时而且让人兴奋的作品！

——吉莉安·泰德 (Gillian Tett)，《金融时报》特约编辑

亚历克斯·爱德蒙斯发出了一个如此清脆、犀利、有益的声音，也是现代世界这团乱麻的伟大向导。

——罗里·斯图尔特 (Rory Stewart)

杰作！一本必读的书，既令人愉悦，又肯定能提高你的思维质量。

——凯蒂·米尔科曼（Katy Milkman），沃顿商学院教授，
《掌控改变》（*How to Change*）的作者

大规模的虚假信息和对基本统计的理解不足是我们"信息时代"的标志：亚历克斯·爱德蒙斯的书是一剂亟须的解药。

——瓦茨拉夫·斯米尔（Vaclav Smil），《这个世界运作的真相》
（*How the World Really Works*）和《数字里的真相》
（*Numbers Don't Lie*）的作者

不仅研究和写作出色，而且对于帮助我们通过（误导）信息的丛林而言非常实用。我已经在日常决策中采用了书中的见解。

——安迪·霍尔丹（Andy Haldane），英格兰银行前首席经济学家

在虚假信息日益增多、真相和共同点成为牺牲品的世界里，《说谎的大脑》对真相发出了充满热情和冷静的呼唤。

——威尔·赫顿（Will Huton），英国社会科学院院长，
《我们所在的国家》（*The State We're In*）的作者

关于如何跨越谎言和误导性统计数据抵达真相的引人入胜的描述。理解我们的混乱世界的宝贵帮助。

——拉古拉姆·拉詹（Raghuram Rajan），芝加哥大学教授，印度储
备银行前行长，国际货币基金组织首席经济学家

一本扣人心弦的书，包含一些精彩的故事。

——安德鲁·格尔曼（Andrew Gelman），
哥伦比亚大学统计学和政治科学教授

一本头脑清醒的指南，揭露了公司、大学、作家和 TED 演讲大师们夸大事实、草率研究和偶尔兜售的彻头彻尾的谎言……这是一本及时的书，尽管有书呆子般的统计理论，却非常有趣。

——哈里·沃洛普（Harry Wallop），《泰晤士报》

《说谎的大脑》是区分流言与现实、更好地理解世界、借鉴学术研究方法的路线图。爱德蒙斯作为专业思考者，教授我们如何检查我们的主观性，以更清晰地思考从收入差距到癌症治疗的话题。

——乔纳森·穆尔斯（Jonathan Moules），《金融时报》

有趣，全面，充满了当下的案例……太棒了！

——贾森·茨威格（Jason Zweig），《华尔街日报》（Wall Street Journal）夏季推荐阅读

序

汗水顺着我的脸颊滴落，我在英国国会下议院等待着即将到来的严厉质询。不久前，我被召唤至商业特别委员会作证。[1]这是一个由国会议员组成的团体，他们对几起备受瞩目的丑闻感到愤怒，因此启动了针对公司运营的深入调查。

作为金融学教授，我在日常工作中习惯了在讲座中被学生提问，在采访中被记者追问，在研讨会中被高管询问。但是，在电视直播中被国会议员质询，并且你的证词将作为公共记录，这完全是另一个层面的体验，所以我相当紧张。我提前到达国会下议院，在我之前的一场会议中落座，埋头做笔记，并设想着委员会可能提出的每一个问题。

当会议中有一位证人提到一些听起来值得关注的研究时，我的耳朵都竖了起来。[2]这项研究发现，当首席执行官和普通员工的薪酬差距较小时，公司往往会更成功。我对这个结论很感兴趣，因为我自己的研究也发现，对员工友好的公司业绩会优于同行业的其他公司。[3]我的研究焦点并不在于薪酬问题，但这个新证据似乎佐证了我的发现。多年来，我一直试图说服公司要公平对待员工，这一发现至关重要，似乎让我更胸有成竹。我希望这个研究是真的。

然而，如果要说这 20 年的研究教给了我什么，那就是不要轻信一面之词。我查看了证人的书面陈述，看到他们引用了一篇由法莱伊（Faleye）、赖斯（Reis）和文卡特斯瓦兰（Venkateswaran）撰写的报告。但是，当我去核查时，结果似乎完全相反：CEO 和员工的薪酬差距**越大**，公司绩效会越好。

我一头雾水。也许是我太紧张导致我误解了这项研究？毕竟，学术论文并不是以清晰著称的。然而，他们的结论就摆在面前，而且非常明确：公司内部薪酬差距**越大**，公司会做得越好。

我后来意识到发生了什么。证人的陈述实际上引用的是法莱伊、赖斯和文卡特斯瓦兰的一篇草稿，而且这份草稿是三年前的。[4] 而我查看的是经过同行评议并更正后的公开发表版本——这一版本得出了完全相反的结论。[5]

提出上述证词的是来自英国工会联盟（Trades Union Congress，TUC）的证人，该组织强烈反对薪酬差距。2014 年，该组织发布了一份报告，宣称"高薪酬差异会损害员工士气，有损公司绩效并导致整个经济的不平等"。因此，英国工会联盟可能在没有核实是否已有完整版本的情况下，就直接采用了法莱伊等人的草稿，因为它恰好道出了该组织的立场。

我自己的那场听证会很顺利。但是有一个问题把我难住了，我并没有试图编一个答案，而是坦白告诉国会议员我不是这方面的专家。他们似乎很惊讶，仿佛以前没有人承认过自己还有不知道的事情。后来在走廊里，我告诉商业特别委员会的书记员，前一场会议中有关证据有误。他看起来很吃惊，并要求我提交一份正式的文件，指出这个错误。我照做了，委员会也发布了这份文件。

然而，委员会关于调查的最终报告中，那个被推翻的结论依然被如同《圣经》经文一般地引用。报告中写道："工会联盟表示，'有明确的学术证据表明，公司内部的薪酬差距过大有损公司员工效率和公司绩效'"——尽管这一说法之后遭到了那些被工会联盟引用以支持其观点的同一批研究人员的反驳。某种程度上，正是基于这一观点，报告建议英国所有大型公司披露其薪酬差距信息，该建议最终被立法采纳。[6]

我想得出的结论与薪酬差距无关——是否应该公布薪酬差距，或者大的薪酬差距是好是坏。即使更大的差距会导致更好的绩效，我们可能更关心的是平等，而非利润。重点是，它强调了我们需要多么谨慎地对待证据。

我从这一事件中得到了两个教训。第一，你可以拼凑一份报告来支持几乎任何你想要的观点，即使它存在严重缺陷并随后被揭穿。热门的话题会吸引数十项研究来扎堆，所以你可以尽情挑选。像"研究显示……""有研究表明……"或者"有明确的学术证据表明……"这样的短语通常被当作证据广泛传播，但它们往往毫无意义。

第二，我们认为可靠的信息源可能仍然不可信。**任何报告**

都是由人撰写的——要么是政策制定者，要么来自咨询公司，甚至是由像我这样的学者编写的，是人都有偏见。委员会可能已经感觉到薪酬过高，需要加以控制，这就是他们最初启动调查的原因。

这并非孤立的案例。报纸上总是会发表一些文章，强调某项根本不存在的研究取得了突破性进展。公司会发布没有实际数据支撑的研究，并且只假设自己预期的结果。高等院校传播的报告宣称它们的研究结果会改变游戏规则，而实际上它们的实验一无所获。然而，如果读者希望这些观点是真的，他们就会心甘情愿地去接受。

这个问题远远超出了商业范畴。我们的周围充斥着错误的讯息，影响着我们的日常生活——我们如何投票、如何学习新的技能或者改善我们的健康状况。在 2016 年的英国脱欧公投中，巴士上的宣传标语赫然写着：英国加入欧盟每周需要花费 3.5 亿英镑。但真实的花费其实是 2.5 亿英镑，扣除欧盟返还给英国的金额后是 1.2 亿英镑。[7] "如果你能坚持练习 1 万个小时，那么你将会掌握任何技能。" 大家都愿意相信这样的承诺。然而，该研究仅针对小提琴手，而且并没有测试他们的演奏技能，研究中甚至压根就没有提到 1 万个小时。1988 年，《自然》杂志发表了一篇吹嘘 "顺势疗法" 有效性的论文，这种治疗方法使用的是被高度稀释的有毒物质，据说它们的毒性会被传递到水中。[8] 但是另外几项研究发现，顺势疗法并没有任何作用，如今达成的科学共识也是顺势疗法对任何疾病或状况都无效。[9]

　　这些例子都表明我们被各种研究所干扰和影响，即使我们从未阅读过任何一篇学术论文。每当我们随手拿起一本励志书，或者翻阅最新的《男士健康》《女士健康》或《跑步者世界》，或者在领英、X 和脸书上点开一篇文章，我们都在阅读和研究相关的内容。我们每次听专家的建议，不管是关于是否要投资加密货币、如何教孩子阅读，还是通货膨胀为什么如此之高，我们听到的信息都与研究相关。但是信息远比研究要广泛——我们的新闻充斥着"新的研究表明……""写日记如何有助于心理健康""五个技巧让你在面试中脱颖而出"，以及诸如"为什么我们会在 2050 年之前殖民火星"这样的猜测。[10] 盲目地听从这些建议，你可能会发现自己变得越来越笨、越来越穷，甚至可能失业。

　　在某些情形下，错误的信息可能是致命的。2020 年 3 月，随着新冠疫情的爆发，美国总统特朗普在推特上表示，药物羟氯喹或许是一种治疗方法，并宣称它是"医药史上最重要的改变游戏规则的药物"。一位女性偶然发现她的鱼缸清洁剂的标签上注有"氯喹"。她对美国全国广播公司（NBC）的记者说："我看到它被放在后面的架子上，心想'嘿，这不就是他们在电视上说的那东西吗？'。"[11] 于是，她和丈夫喝了下去，希望自己不会感染新冠随即中毒。这位女士因为呕吐出了足够多的清洁剂得以幸存。但她的丈夫没有她那么幸运，被送到医院后不久就去世了。

　　所有上述案例中最令人震惊的是，解决方案其实很简单——核查事实。服药之前确保它的安全性，撰写文章之前核实是否存在相关研究，对公交车车身投放的广告保持怀疑，这些似乎都是显而易见的。那些做出错误判断的人其实完全有能力去核实事实。如果我在领英上分享一项人们不喜欢的研究，会有来自高管、投资者和同行学者的大量评论，指出它可能存在的缺陷——这正是我希望引发的批判性参与。但是，当我发布一篇投其所好的论文时，我是否看到了同样的批判？遗憾的是，他们并没有批判性地对待，而是不加批判地全盘接受。

我儿时最喜欢的玩具之一是"机动人"（Action Man）。这款英国玩偶是基于美国动作人偶 GI Joe 系列设计的，后者被制作成了系列动画。每集的最后都有一幕这样的场景：GI Joe 人偶会给孩子们传授一个安全小提示——不要向陌生人透露你的地址、不要抚摸你不熟悉的动物，或记得穿上防晒衣。动画片中的孩子们会齐声大喊："知道了！"GI Joe 则会回应："知道了，就等于赢得了战斗的一半。"这样的结尾是为了强调知识的力量——掌握了知识，你已经成功了一半。

但是，这句话还有另一种解释方式：杯子里不仅装了半杯水，同样也空着半杯。即使掌握了知识，你也只赢得了战斗的一半。[12]知道如何核查事实还不够。上述犯下错误的人其实知道该怎么做，但他们的偏见占了上风，阻止他们启动自己的知识储备。

作为拥有 20 多年教龄的大学学者，我亲身体验到做研究时保持严谨是多么重要。不管是在麻省理工学院攻读博士学位，在宾夕法尼亚大学沃顿商学院担任教授，还是现在在伦敦商学院教书，我对待工作一直都很严谨。只有当我对研究结果非常确定，并能对该结果提供其他的解释，同时对于数据支持不充分的部分主张予以弱化，我的论文才有可能被学术期刊发表。有时，需要长达五年的不懈努力，才能将某项研究打磨到可发表的水准。

这不仅仅是我做研究的经验，也是我作为"守门人"的亲身体验。在担任顶级学术期刊《金融评论》（*Review of Finance*）主编的六年里，我一直站在"对立面"把关。在作者提交有可能发表的论文后，我会将其发送给"同行"（独立专家）评审，并询问他们的意见，看是否应该收录这篇文章。我非常感激他们对论文进行的细致审查。我也必须以同样严格的标准，拒绝那些研究结果不够精确的论文，因为这些论文如果被大众信以为真，可能会产生重大影响。

我一方面坚定不移地投身于学术研究，另一方面也深深扎根于实践。基于各项研究成果，我会向一些公司、投资者和政策制定者建言献策。因此，我观察到，大家阅读论文时，如果情感占据了上风，那么对于论文是否严谨的关注就会荡然无存。我的主要研究领域是可持续商业，这个领域充满争议，它的意见分歧甚至跨越了政治界限。左翼人士倾向于相信遵循道德规范的企业总是会取得突出的业绩，所以他们会推崇所有持同样观点的研究。而右翼人士反驳称，追求可持续发展的企业会分散人们对利润最大化的关注。一些美国立法者甚至禁止动用国家养老基金投资这些企业。可持续性也是一个非常具有现实意义的议题，所以我已经意识到，学术严谨不仅仅是一个学术概念，它还会影响首席执行官的运营方式、投资者的融资选择，以及政策制定者决定通过哪些法律。

2017 年，我受邀在 TEDx 发表演讲，这也是我在 TEDx 讲台上的第二次亮相。这是一个向广大听众传播想法的绝佳机会，我的第一反应是要利用这个机会分享我的研究成果——正如大多数大学教授所做的那样，我在第一场演讲也是那样做的。但后来，我冒出了个想法：如果我不仅仅推销自己的研究，而是为更广泛的研究发声呢？TED 的使命就是传播"一切值得传播的思想"，但如果一个思想的传播程度取决于人们是否喜欢它，而不是它是否真实，那么这个使命就会受到挑战。不仅仅是 TED/TEDx 的舞台，任何拥有报纸专栏、社交媒体账号或 YouTube 平台的人都可以传播他们想要传播的信息，并声称有数据支撑。

所以我在演讲中讨论了我们必须对证据保持警觉——我们的偏见如何引导我们去相信错误的信息，或是拒绝真相，我们评判一项研究时应该关注它是否严谨而非它宣扬的内容。我非常感激，后来这场演讲被提升到了 TED 的主讲台，演讲的主题为"在后真相的世界里该相信什么"。我希望它能让我们从虚构走向真实，哪怕只是迈出一小步。

然而，错误的信息可能已经泛滥。公众意见日益两极化，观点的形成更多的是基于意识形态而非证据。我们的时代面临的最紧迫的问题，如气候变化、社会不公和全球健康状况，都充斥着虚假信息。在过去，我们知道什么是可靠的资讯来源，比如，我们会向医生或医学教科书寻求健康建议，或者通过百科全书获取常识性知识。现在，有一半的美国人"经常"或"有时"通过社交媒体获取新闻资讯，[13] 在这些平台上，虚假的故事比真相传播得更远、更快、更广，因为它们更知道如何夺人眼球。[14]

即使那些听过我的这场演讲，并应该对此更加了解的人也会怀有偏见。一些公司邀请我去给它们的员工再做一场更为详尽深入的演讲，希望能培养他们的批判性思维，结果却从幻灯片中删去了几个"不便宣扬的真相"——因为他们不希望它们是真的。

在今天这个后真相世界里，区分虚构与真实比以往任何时候都更加重要。这本书是一本实用指南，能帮助你更聪明、更敏锐、更批判性地思考诸如公司经营、投资理财、改善健康、习惯培养、子女养育和教育、全球变暖和新冠疫情，以及立法者和选民应该支持哪些政策等诸多议题。我们将推翻一些广为流传的观点，在推翻的过程中也学习一些简单的技巧去判断一个观点是否有证据支撑。我们将揭露世界顶尖商学院、风靡全球的 TED 演讲以及畅销书中普遍存在的案例研究方法所隐藏的缺陷。我们将意识到，即使数百个信源都在讲述同一个故事，我们也可能被愚弄和误导。

但知道这些只赢得了战斗的一半。拥有知识是不够的：我们需要知道**何时**使用以及**如何**使用它。为什么我们总是将我们所学到的知识抛在脑后，却急于接受一面之词？如果一本书只会传递知识，却不强调偏见会导致我们忘记知识，那么这本书是不完整的。这就像教急救人员如何进行心肺复苏，但却没有教他们如何判断病人是否需要接受心肺复苏。

《孙子兵法》强调"知己知彼"，然后再制订作战计划。因此，在第一部分"偏见"中，我们要去了解我们的敌人。我们将深入探讨两大心理偏见——确认偏误和非黑即白的思维——它们是导致我们误解信息的两大罪魁祸首。

在第二部分"问题"中，我们将探讨这些偏见带来的后果。这些偏见把我们引向了如图 1 所示的误解之梯。

图 1　误解之梯

我们把**某些陈述视为事实**，即使它们并不具有**准确性**——背后的信息可能并不可靠，甚至最初就可能被错误引述。我们**把某些事实视为数据**，即使它们并不具有**代表性**，而是被刻意挑选的案例——一个特例证明不了规则。我们把**某些数据视为证据**，即使它们并不具有**决定性**，并且存在许多其他可能的解释。我们把**某些证据视为证明**，即使它们并不具有**普遍性**，不适用于其他情境。

重要的是，对事实进行核查会让我们避免登上误解之梯。即使事实是正确的，我们也可能会错误地解读，由某件奇闻轶事出发展开过度推断，或对其他的解释视而不见。"谎言"这个词通常指故意制造的明显错误，指控某人撒谎或称他为骗子是十分严重的。但是，我们需要对"谎言"的定义有更广泛的理解，防范它伪装成别的东西。

"谎言"只是"真理"的反义词。有的人会通过隐瞒相矛盾的信息、对相反证据视而不见或者从有效数据中导出无效结论来编织谎言。商业特别委员会的声明"英国工会联盟表示……"严格来说是正确的——但它依旧是一则谎言，因为它暗示英国工会联盟的声明就是真实无误的，尽管委员会清楚地知道这一论点已经被反驳。谎言的背后有许多原因——有些是刻意为之，出于个人私利；有些是因为个人偏见导致的疏忽，纯属偶然；而更多的谎言则是出于善意，为了推动他们坚信有价值的事业，但是因为热情过度而失真。

对"谎言"进行更广泛的定义凸显了监管无法让我们免受欺骗——它只能让某人诚实地陈述事实，但无法阻止他从事实中得出无效的推论。我们需要的是自我保护。即使某份报告已经被政府批准，某篇论文已经在科学期刊上发表，或者某本书已经得到诺贝尔奖得主的认可，它们都应该附上类似于健康警告的提示："可能包含谎言。"

因此，第二部分提供了一份实用指南，帮助我们辨别某个陈述是否属实，某个事实是否真的是数据，数据是否真的是证据，以及证据是否真的是证明。这些指南简单易懂且十分可行，即使你时间紧迫，没有能力深入探究一项研究的细节，也没有问题。

为了辨别真相与谎言，并对我们身处的世界有更深入的理解，我们需要做的不仅仅是正确解释陈述、事实、数据和证据。第三部分"解决方案"比误解之梯更进一步，它不仅限于评估单个研究，而且试图指导读者学会理解科学共识，评估各种信息源的可靠性，包括书籍、报纸文章甚至朋友和同事等。从学习个人如何进行批判性思考出发，到如何打造更聪明的组织，利用员工的思维多样性克服群体思维偏差，迎接诸多挑战。最后，我们将讨论如何教育我们的孩子进行批判性思考，打造能更聪明地思考的社会，将政治因素从气候变化等议题中抽离出来，在我们共享和忽视的信息中发挥我们的作用。

　　附录部分提供了一份问题清单，我们可以据此应用第二部分所学到的方法评估陈述、事实、数据和证据。一开始，我们可能需要逐一回答每个问题。随着时间的推移，这本书所培养的思维方式——挑战我们愿意相信的事，敞开胸怀倾听我们不感兴趣的事，对我们的偏见保持警惕——应该会逐渐根深蒂固，我们将不再需要遵循固定的脚本。网球初学者脑子里会想："先分开双脚，然后转身，身体正对球网，接着拉回球拍，过肩击球……"但一段时间后，这些都会变成本能。

　　这本书在追求实用性的同时，也希望现实可行。要做到在所有情形下克服偏见并正确评估每一条信息是不可能的；我们可能被欺骗的方式或许会令我们不知所措。我们的目标不是追求完美，而是做到更好。一位棒球运动员如果能将击球率从 0.280 提高到 0.320——尽管这个数字仍远低于 1.000，他也会因此从美国职棒大联盟晋级名人堂。批判性思维宛如北极星——你可能永远无法抵达，但它会一路指引着你。

　　如今，我们前所未有地能更容易获取世界顶尖的科研成果，但这些宝贵的信息却被谬误和虚假信息所淹没。了解可以信任什么、应该怀疑什么，将帮助我们做出更明智的决策，更深入地理解世界是如何运作的，传播正确的知识，而非在无意中散布错误信息。这不仅会保障我们和家人享有健康充实的生活，也能让我们为之效力的企业、我们所投资的公司在应对全球挑战的过程中持续盈利，让我们的国家繁荣昌盛。认识到自身的偏见，就能把相悖的观点视为学习的契机而非争斗的对手，就能跨越意识形态的鸿沟，达成共识，摒弃简单的思维，拥抱更广阔的视野，全面洞察我们所身处的世界的真实面貌。

目 录

CONTENTS

第一部分

偏　见

第一章　确认偏误

/

贝尔·吉布森（Belle Gibson）是一个快乐的澳大利亚姑娘。她笑容灿烂、热爱滑板，年纪轻轻的她还有大把大把的美好光阴值得期待。

但是2009年，贝尔中风了。为了查找病因，贝尔接受了一大堆检查，检查发现：贝尔患上了脑瘤，晚期，只剩下四个月的生命，这是一个致命的噩耗。她甚至来不及庆祝她的21岁生日。[1]

贝尔决心与病魔抗争。她的一生都在抗争。6岁时，她就得给患有自闭症的哥哥做饭，还得照顾患有多发性硬化的母亲，而父亲在她的生活中早已消失得无影无踪。所以贝尔选择了她唯一知道的事情：抗争。化疗和放疗让她的病情日益恶化，两个月后，丝毫没有好转的迹象。

传统治疗无能为力，贝尔的抗争本能让她选择以另一种方式战斗——自然疗法。化疗后的她虚弱无力，但她强迫自己锻炼。她开始进行冥想训练。放弃肉类，改食蔬菜水果。

奇迹般地，她彻底康复了。

贝尔的故事在网上疯传，被分享、推送，在博客中引发热议，点击量高达数百万。这个故事展示了放弃传统医学，仅仅通过调整饮食、锻炼和纯粹的意志力带来的好处。发现治愈癌症的秘诀后，她开始致力于向更多人传授这个秘诀。

2013 年 8 月，贝尔推出了名为"The Whole Pantry"的应用程序，"一个集合美味食谱、健康指南和生活方式的鼓舞人心的资源库"。上线首月，它就冲上了苹果应用商店榜首，有20 万人争相下载，渴望走上通往健康生活的道路。

2013 年底，The Whole Pantry 被列为苹果最佳餐饮应用，并入围年度最佳应用程序。贝尔因此受到苹果公司的邀请，前往苹果总部参与一个秘密项目，到那里以后，她得知这个项目正是苹果手表——他们希望在苹果手表里的首批应用程序中加入 The Whole Pantry 这款应用。当手表发布时，这款应用成了亮点，与 Strava 一起出现在特色应用的界面上。

贝尔还想通过传统媒介影响更多需要帮助的人。次年，她出版了一本与其应用同名的食谱，副标题为"80 多道不含麸质、精制糖和乳制品的原创食谱，滋养你的身心"。这不仅仅是一本食谱；还是一本励志书，强调掌控自己生活的重要性。书中讲述了贝尔如何"开启一段自我教育的旅程，最后回到了最基础的道路上来，那就是通过调整饮食和生活方式进行自我疗愈"。用她自己的话说："我用饮食、耐心、决心和爱拯救了自己。"[2]

短短 18 个月，这款应用和同名书为贝尔创收 42 万澳元。[3] 然而，她说自己的动机从不是为了赚钱，而是为了助人。从一开始，她就承诺将大部分版税捐赠给慈善机构。因为她的成功，这笔版税高达 30 万澳元。

2015 年，贝尔攀上了人生巅峰——畅销书作家、成功的商人、慷慨的慈善家。癌症康复后的贝尔散发着光芒，她鼓励大家选择健康的饮食、培养良好的生活习惯，而不是选择药物和放射治疗，鼓励大家更快乐、更健康地生活。

但贝尔的故事是个彻头彻尾的谎言。她其实从未得过癌症。人们没有对她的说法进行批判性的核实就相信了她。

这是一个典型的**确认偏误**案例。如果我们认为某个说法符合我们愿意相信的事实，我们就会不加批判地全盘接受。公众如此坚定地相信贝尔的故事，然后又如此广泛地去传播，正是因为它和我们的信仰和价值观产生了共鸣。贝尔鼓励我们相信，只要你足够渴望，你就能拥有任何东西——甚至是死亡之门前的第二次生命。从小我们就被告知"世上无难事，只怕有心人"，看，贝尔就是个很好的证明。

这种偏见产生了严重的后果。一些癌症患者因此停止了化疗，开始效仿贝尔。一位名叫凯莉（Kylie）的信徒在英国广播公司（BBC）的纪录片中解释道："贝尔说她的癌症正慢慢被治愈……你看，我在手机里、杂志上、新闻上，到处都能看见她，所以我相信她。"不仅仅是癌症患者，那些患有其他慢性疾病的人希望贝尔的方式对他们也奏效，所以他们也成了她的信徒。

遗憾的是，他们的身体每况愈下。贝尔的追随者抛弃了医生开具的药物——那些药物是被科学证明有效的，他们转而相信网络博主的胡言乱语。一位拒绝化疗的病人短短几个月就去世了，她女儿的朋友向澳大利亚《时代报》（*The Age*）的两名记者告发此事，他们决心揭开这个谎言。[4] 如果没有人揭露贝尔，可能还会有数百人因此丧生。凯莉得知真相后，重新接受化疗，病情逐渐好转。真相挽救了她的生命。

我们不难理解为什么重症患者更容易相信贝尔。如果传统医学不起作用，人们就会寻找替代疗法。但确认偏误不仅仅是利用病人的绝望——一个以情感而非证据为基础的行业蔚然兴起，作者向她的受众兜售那些基于情感而非证据的建议。付费课程的广告承诺让人们摆脱朝九晚五的日子，过上我们想要的生活，并附上一位大师在法拉利上挥舞着一沓现金的照片——这是社交媒体时代让粉丝买账的黄金标准。为了迎合人们对技术的普遍不信任，真人秀明星散布 5G 导致新冠疫情的阴谋论。[5] 截至 2022 年底，"幸运女孩症候群"在一个月内在 TikTok 上吸引了 1.5 亿次点击。带有这个标签的视频声称，告诉自己你会有好运，它就会成真——这导致一些人在事情出错时责怪自己。

你可能认为只有愚蠢的人才会相信 TikTok 上的故事。但这些说法是如此诱人，即使富人和名人也无法抵挡。伊丽莎白·霍尔姆斯（Elizabeth Holmes）于 2003 年创立医疗公司 Theranos，这家公司声称，仅需几滴指尖血就能进行数百项检测，包括诊断几种致命疾病。包括传媒大亨鲁珀特·默多克（Rupert Murdoch）、甲骨文公司创始人拉里·埃里森（Larry Ellison）和美国前国务卿乔治·舒尔茨（George Shultz）在内的投资者为这家公司注资超 7 亿美元。这些顶尖人物终其一生都在审视、怀疑——他们能从数百个天马行空的想法中识别出少数有前景的想法。一台小型便携式机器仅用几滴血就能同时运行两百项检测的说法显然超出了科学合理性，因此有必要好好审视霍尔姆斯的声明。

许多人都对此信以为真，可能是因为他们希望这是真的。霍尔姆斯的故事引人入胜：一位年轻、魅力非凡的梦想家从大学辍学，在男性主导的世界中追求着梦想和成功。Theranos 公司的投资理念同样具有吸引力——股东不仅能赚钱，还能救人性命。一位女士在投资前要求查看 Theranos 公司的审计账目，但未得到任何报告，最后她还是选择投资。另一位女士承认，她没有参观过 Theranos 公司的任何检测中心，也没有咨询过任何专家，但她还是注资了 1 亿美元。[6] 2015 年，《时代》杂志提名霍尔姆斯为"全球 100 位最具影响力人物"，"世界经济论坛"将她评为"全球青年领袖"。同年 10 月，Theranos 的骗局被揭露，六年后，霍尔姆斯被判犯有欺诈罪。

为什么真相仍不够

你可能认为贝尔·吉布森和伊丽莎白·霍尔姆斯的故事

告诉我们始终要核查事实。但核查事实是不够的。确认偏误是非常可怕的，它不仅会让我们接受虚假的事实。即使事实是真的，它也会导致我们做出错误的解读。

不妨看看布鲁斯·利斯克（Bruce Lisker）的故事。1983年3月10日上午，17岁的布鲁斯顺路去洛杉矶谢尔曼·奥克斯的养父母家，想借个工具修车。没人应门，于是他跑到后院，透过客厅窗户看是否有人在家。他从缝隙中瞥见他66岁的养母多卡（Dorka）躺在地板上。布鲁斯惊慌失措，冲到厨房，拆下玻璃窗爬进去，这一技能是他以前在宵禁后返回家中时掌握的。多卡昏迷不醒，头部被撞，右耳几乎被割断，两把牛排刀插在她的背上。布鲁斯拔出刀并拨打了急救电话。医护人员赶到现场，将多卡送往医院，但当天下午她就去世了。

第一个到达现场的警探是安德鲁·蒙苏（Andrew Monsue），他立即怀疑布鲁斯。他以前和布鲁斯打过交道，认为他是个"小混混"。布鲁斯13岁开始吸食可卡因和迷幻药，为了满足毒瘾，他开始偷养父母的东西。他和养母的关系很紧张，经常吵架。1982年6月，他因为朝一个砍伤过他的司机扔螺丝刀而被捕，被判蓄意破坏他人财产。

蒙苏很快认定布鲁斯是罪犯。他的案情还原是：布鲁斯翻了多卡的钱包，要偷钱买毒品。多卡抓住他，他便用他曾经获得的少年棒球联盟奖杯击打她的头部，接着又用他养父的健身器材砸了她的头，最后用刀刺死。蒙苏随后将他看见的所有证据都解释为与他的猜测一致。布鲁斯的鞋子和衬衫袖口有血迹，他断定这是用钝器击打多卡时留下的。蒙苏发现了带血的脚印，在布鲁斯受审时，他作证说这些脚印与布鲁斯的鞋子"非常相似"。就在布鲁斯到达县监狱候审后不久，职业罪犯罗伯特·休斯（Robert Hughes）声称布鲁斯向他坦白了罪行。1985年11月，布鲁斯被判谋杀罪名成立，并被判处终身监禁。

对一个身高一米七的瘦弱孩子来说，监狱危险重重，布鲁斯只能独自学习计算机编程，并学着写诗。他写了一首关于蒙苏的诗：[7]

> 轻率的傻瓜；
>
> 不知何为推理，"若非那男孩，还会是谁？"

2003年，在多次假释被拒后，布鲁斯向洛杉矶警察局投诉蒙苏。内务部警官吉姆·加文（Jim Gavin）仔细翻阅了案件卷宗，惊讶地发现蒙苏从未下令对脚印进行法医分析，只是凭直觉认为它们"非常像"布鲁斯的鞋子。加文请法医罗纳德·拉奎尔（Ronald Raquel）检测这些脚印。拉奎尔在屋外发现了两只不同鞋子的印记，其中一只鞋的花纹呈人字形，不可能是布鲁斯的网球鞋留下的。至关重要的是，这个脚印与浴室里的脚印以及多卡头部瘀伤的痕迹吻合。调查还发现，休斯曾承认他作证指控布鲁斯是为了缩短自己的刑期。2009年，布鲁斯终于获释，至此他因未曾犯下的罪行已经服刑二十多年。

事实没有问题。在布鲁斯的鞋子和衬衫上的确发现了血迹；多卡的尸体附近确实存在脚印；休斯声称布鲁斯认罪也是事实。但仅有事实是不够的。要了解原因，让我们看看统计学中一项最基本的方法，它被称为贝叶斯推理，下面是一个简化版本。

> 信息是否支持假设？
>
> 取决于
>
> 信息是否与假设一致？
>
> vs
>
> 信息是否与备择假设一致？
>
> （还有另一项）

科学方法始于对世界的**假设**——节食可以治愈癌症，或者某个嫌疑犯有罪——然后我们开始收集信息去验证。设计合理的测试会询问：信息是否**支持**假设？换句话说，信息是否让我们更确信我们的假设是对的？

但我们追问的却是：信息是否与假设**一致**？"支持"和"一致"看起来几乎是同一件事——在同义词辞典里它们甚至是同义词。[8]——但有一个关键的区别。即使信息与假设一致，也可能因为第三个关键的问题而不支持假设：信息是否与**备择假设**一致？然而，由于确认偏误，我们忘记了这个问题，并且永远不会停下来考虑备择假设，因为我们迫不及待地要接受我们所偏爱的假设。

重要的不仅仅是事实，还有我们如何对事实进行解读。布鲁斯·利斯克鞋子上的血迹是事实，但蒙苏却对另一个可能绝口不提，那就是布鲁斯走向养母时鞋子沾上了血迹。脚印可能是布鲁斯的，但也可能是别人留下的。休斯的指控可能是因为布鲁斯真的认罪了，也可能是因为休斯想争取减刑。但如果我们已经得出了某个结论，解读证据时，就会把证据与这个结论去匹配，并且仅与这个结论匹配。

布鲁斯的案子并非个案。在美国因涉嫌犯罪被关押后来又被宣告无罪的"囚犯"服刑年数总共长达 3 万年。[9] 犯罪学教授金·罗斯莫（Kim Rossmo）和乔伊斯林·波洛克（Joycelyn Pollock）对 50 起最严重的冤假错案进行了调查。[10] 出错的原因有许多，例如来自媒体的压力、不可靠的证人和不可靠的法医，但在超过一半的案件中，这些因素都没有出现。最明显的因素是确认偏误，它的发生率为 74%。

除了犯罪案件，我们在日常生活中的许多情况下都忽略了备择假设。像我这样的教授很愿意相信接受教育会增加收入，会强调拿到了学位的人比没有学位的人挣得更多。但是，更聪明的孩子才更有可能上大学，而且增加他们收入的很可能是个人能力，而非教育。那些励志演讲家滔滔不绝地吹嘘着他们的信徒参加完研讨会后生活发生了改变——但那些愿意花好几百美元、开六个小时车来听讲座的人很可能也同时寻求了别的办法来提升自我。带来变化的可能是那些行动，而不是大师口口声声宣扬的五个计划。

在所有这些案例中，冷静思考对立观点并不难。问题在于，我们并不总是能保持这份清醒——我们愿意接受那些我们所偏爱的解释，而没有停下来思考数据背后的真相。正如科学方法的先驱弗朗西斯·培根（Francis Bacon）所说的："人们一旦接受了某种观点……就会拉拢一切事物来支持它、认可它。"

我们目前所看到的一切其实都是确认偏误的不同形式，我们称之为**天真的接受**——即轻信那些我们偏爱的说法，而不去核查事实或探究其他可能的解释。但确认偏误有许多不同的表现形式。[11] 接下来我们探讨第二种。

否认的代价

2010 年 4 月 20 日，对英国石油公司的明星钻井平台"深水地平线"号（Deepwater Horizon）来说，原本是个特殊的日子。七个月前，深水地平线号创下油井钻探深度的世界纪录，但接下来该公司面临最严峻的挑战——墨西哥湾的马孔多油田钻井。由于海底岩石地层较弱，钻探时需要格外小心，因此该项目比原计划晚了六周，超出预算 5800 万美元。

那一天本有一场热烈的庆祝。英国石油公司高管纷纷上台，庆祝深水地平线号七年来从未发生任何事故。油井钻探将顺利完工，英国石油公司将因此获得 5000 万桶石油，价值高达 50 亿美元。

在撤回钻机之前，最后的一个步骤是固定钻井。要检查这样做是否安全需要进行"负压测试"。这可确保井眼（刚刚钻出的孔）周围的钢套管能够承受钻机移除后将钻井泥浆[○]替换为海水时发生的压力下降。工人需要打开钻管的顶部，将压力降至零，然后关闭，检查压力是否上升，或是否有液体泄漏到钻井中。

在第一次测试中，工程师们在放气期间无法将压力降至每平方英寸 266 磅以下；管道关闭后，压力又回升至 1262。第二次尝试确实得到了零读数，但之后又反弹至 773。如果这看起来像是有进步，那么第三次尝试又倒退了——压力再次降至零，但随后飙升至 1400。读数需要保持在零才能通过测试。要知道，一个足球内部的压力约为 12 磅；蒸汽火车汽缸的压力约为 250 磅。还差得远呢。

但"失败"并不是工程师们希望看到的结果。深水地平线号有七年无瑕疵的安全记录，所以在他们看来，测试结果一定出了问题。他们没有承认油井存在问题，而是认定测试存在问题。迫于项目不能拖延的巨大压力，工程师们对这个负面结果想出了另一种解释。

他们将此归咎于"气囊效应"，即立管（从海床到水面的管道）中的厚重泥浆对密封钻杆顶部的囊状阀门施加压力，然后阀门将压力转移到管道本身。这让他们有借口以另一种方式

○ 挖掘时加入钻井泥浆是为了使钻出的岩石悬浮在表面上，润滑钻头，并产生压力（其密度是海水的两倍），防止油井从外向内塌陷。

进行测试——不是在钻杆上，而是在"压井管线"上，即另一根从海床到水面的管道上。他们得到了梦寐以求的零读数，宣布测试通过——这口油井的命运也就此注定。

当天晚上，就在公司高管们热烈庆祝深水地平线号钻井平台工作人员的安全作业记录后不久，气体突然冲入套管，并沿着立管向上流动，随后发生了爆炸，造成 11 名工人死亡，17人受伤。36 小时内，钻井平台沉没。500 万桶石油泄漏到海里，污染了相当于美国八个国家公园的海域，危及 400 个物种，毁坏了 1000 英里的海岸线。不少当地居民和清洁工人因吸入有毒粉尘和烟雾而患上癌症[12]、心脏病[13]和慢性呼吸道疾病[14]。至今，这仍然是美国有史以来最严重的泄漏事故。

深水地平线号的事故之所以发生，是因为确认偏误的第二种形式：**盲目怀疑**。天真的接受是指轻信我们偏好的说法，忽略其他解释；而盲目怀疑则是指拒绝我们不喜欢的说法，编造其他解释。这种捏造被称为动机推理——揪住对立的理论，无论它多么牵强，以此来证明我们最初的想法是正确的，并否定证据。美国政府关于这场灾难的官方报告得出的结论是，"不存在'气囊效应'这样的东西可以解释钻井人员所观察到的压力"。[15] 该报告的首席法律顾问更直言不讳："调查小组会见的每一位行业专家都认为所谓的气囊效应是子虚乌有。"[16]

即使我们想不出其他的解释，也可能会盲目地怀疑：我们只是毫无理由地否定一个不便知道的事实。硅谷银行是加州许多初创企业的首选金融机构，其存款在 2019 至 2021 年间增长了两倍。他们将这些闲置资金投入美国国债——正常情况下，这是安全的，但他们的内部模型预测，如果利率上升，将会造成严重损失。他们的高管非但没有理会这一警告，反而改变了模型的假设，以便将预期风险降到最低。正如他们的一位前雇员告诉《华盛顿邮报》的那样："如果看到一个不喜欢的模型，他们就会废除它。"[17]

2023 年 3 月，硅谷银行宣布破产，成为当初他们自己的模型所警告的加息的受害者。这是美国历史上倒闭的第二大银行，但这其实是完全可以避免的。就像深水地平线号事故一样，公司明明看见了前方的冰山——但银行家们却选择蒙上眼罩，迎头撞了上去。

确认偏误的证据

为什么我们会对我们不喜欢的说法做出如此愤怒的回应？神经科学家乔纳斯·卡普兰（Jonas Kaplan）、莎拉·金贝尔（Sarah Gimbel）和萨姆·哈里斯（Sam Harris）展示了确认偏误是如何植入我们的大脑的。[18] 他们选取了一些政治观点自由的学生参与测试，并将他们连接到 fMRI[○]扫描仪上。研究人员随后开始宣读参与者之前认可的政治观点（如"应废除死刑"）或非政治观点（如"睡眠的主要目的是让身心得到休息"）。然后，他们给出相互矛盾的证据，并用扫描仪监测学生的大脑活

───────────
○ 功能性磁共振成像。

动。结果发现，非政治观点受到质疑时，测试者的大脑并没有
什么变化，但与其政治观点相悖的言论会触发杏仁核的启动。
人被老虎攻击时，大脑杏仁核也会被激活，从而诱发"战或
逃"反应。面对反对意见，人们的反应就像被猛兽追赶一样。

杏仁核会抑制前额叶皮层，前额叶皮层负责大脑的理性思
考。诺贝尔奖得主丹尼尔·卡尼曼（Daniel Kahneman）在《思
考，快与慢》一书中，将直觉、快速的思考（由杏仁核驱动）
称为系统 1，而理性、慢速的思考（由前额叶皮层掌控）称为
系统 2。我们在冷静的时候，会知道应该虚心查阅新的证据，
并努力从中学习——但是当我们的系统 1 超速运行时，愤怒的
迷雾就会蒙蔽我们。

面对反面证据的猛烈攻击，我们看到了一种应对机制，那
就是寻求开脱加以消解。另一项功能性磁共振成像研究测试
了在我们这样做时大脑中会发生什么。研究人员招募了 2004
年布什和克里竞选期间的"坚定的共和党人和民主党人"。[19]
他们宣读了乔治·W. 布什（George W. Bush）或约翰·克里
（John Kerry）的某段话，随后是与此相矛盾的陈述，暗示这位
政治家言行不一。最后，他们提供了一份免责声明，证明这种
不一致是合理的，类似于我们在动机推理中的说法。下面是一
个例子。

原始陈述：1996 年竞选期间，克里告诉《波士顿环球报》
的记者，应该对社会保障体系进行大幅调整。国会应该考虑延

迟退休年龄，并深入研究这一系列措施所能带来的经济益处。他说："我知道这会招致很多人的反感。但是解决这个难题是我们这一代人的责任。"

矛盾陈述：今年，克里在电视节目"Meet the Press"中承诺，他绝不会向老年人征税或削减老年人的福利，也不会提高领取社会保障金的年龄。

免责声明：经济专家现在认为，事实上，社会保障基金足够维持到 2049 年，而不是他们在 1996 年提出的 2020 年。

不出所料，这些相互矛盾的说法激活了人们的杏仁核。特别有趣的是免责声明的影响。研究发现，它激活了纹状体——这是大脑中富含多巴胺的区域。忽视我们不喜欢的证据会促进多巴胺的释放，这种让人兴奋的化学物质在我们跑步、享受美食或性爱时也会被激发。动机推理让人感觉愉悦。

讨论完确认偏误的原因，让我们再来看看它的影响。斯坦福大学心理学家查尔斯·洛德（Charles Lord）、李·罗斯（Lee Ross）和马克·莱珀（Mark Lepper）找来一群高度支持或者高度反对死刑的学生，给了他们两篇论文的摘要：

- **时间纵向研究**。比较某个州在引入死刑前后谋杀率发生的变化。例如，研究者比较了 14 个州引入死刑前后一年的谋杀率。其中 11 个州的谋杀率有所**下降**。

- **横向研究**。在同一时间点比较两个州的谋杀率，一个州有死刑，另一个州没有。例如，研究者比较了 10 对采用不同死刑法律的相邻州的谋杀率。其中有 8 对是引入死刑的州谋杀率**更高**。[20]

这些研究被随机分配给学生。对一些人来说,时间纵向研究的结果支持引入死刑,而横向研究则得出反对死刑的结论,正如上述案例;对另一些人来说,情况则恰恰相反。重要的是,这些研究是虚构的,从而消除了人们对于其中一项的说服力真的强于另一项的担忧。

研究人员要求学生对每份报告的严谨性进行评分。如果理性的系统 2 占据上风,那么评估应该完全基于研究方法而非结论。相反,如果研究与他们的观点相悖,那么参与者往往会批判这项研究,并且能毫不费力地给出其他解释。如果时间纵向研究发现在引入死刑后谋杀率上升,那么支持死刑的人会争辩,再不修改法律,谋杀率会上升得更快。但是,如果一篇论文得出了人们预期的结果,他们就会毫不犹豫地接受。

然后,学生们被问及在阅读研究报告后,对死刑的看法是否发生了变化。每个人都看到了一份支持他们立场的报告,和一份质疑他们立场的报告,因此混合的证据本不应影响他们的观点。结果并非如此,他们最初的想法更坚定了——死刑的反对者变得更加敌视死刑,而支持者则更加狂热。他们揪住自己喜欢的那部分,对另一部分置若罔闻。

在此有必要稍作停顿,强调一下这一发现的重要性。我们可能会认为分歧是由信息差引起的,这种差异可以通过信息共享来消解。如果我们把事实摊在桌面上，对方就会以我们期待的方式来看待问题。研究结果表明，事情没那么简单。即使两个人看到完全相同的数据，他们的观点仍然可能不同。

这就是所谓的**观念极化现象**。不喜欢这些信息的人会找借口忽略它，而支持者则会在神话中得到启示。这就像足球赛，尽管大家看的都是同一场比赛，但是双方球迷却会为一个点球争得面红耳赤。我们所看到的，只是我们想看到的。

天真的接受和盲目怀疑是确认偏误的两种不同形式，但也是同一枚硬币的两面。它们都会导致对证据的**解读偏误**——我们愿意相信那些我们想要的，忽略我们不想要的。但是，请记住，确认偏误的形式五花八门。第三种偏误与我们如何解读信息无关，我们接下来就要谈到了。

四回合将杀和象棋陷阱

我人生的第一个爱好是国际象棋。我五岁开始学下棋，并成功入选英格兰青少年国家队，但已经有好几十年没有施展过"炸肝攻击"或抵挡对手的弗兰肯斯坦－德古拉棋局了。刚开始下棋的时候，我学会了引诱对手掉进诱人的陷阱。其中最厉害的是"四回合将杀"，在这着棋中，你可以提前将皇后（你最强的棋子）取出，希望对手不会注意到他即将被将死。如果一切顺利，你可以在四步之内取胜。

因为四回合将杀很有名，就算是新手也不太可能上当，所以我自编了个陷阱。布置好埋伏之后，我会默默祈祷："请吃掉我的棋子吧！"接着努力保持一张不露声色的扑克脸。但是对于一个容易激动的五岁孩子来说，这显然很难。

我就是使用这招打败了很多对手。但后来我遇到了更强的对手，他们能轻松地发现陷阱并回击，这让我最初的招式看起来很蠢。不知不觉中，我陷入了另一种确认偏误。**解读偏误**关注的是我们在得到信息后如何处理信息，而**搜索偏误**则涉及我们首先收集了什么信息。我们只会寻找能证实我们最初预感的证据，而不敢四处寻找可能与之相悖的东西。

在考虑该下哪一步棋时，我会考虑对手落入陷阱的所有可能，证明我的备选棋步是正确的。但事实上我应该研究她**回击**我这步棋的方法。只有在无可回击的情况下，下这步棋才算安全。

这个问题的适用范围远远超出了棋盘。心理学家彼得·沃森（Peter Wason）在接下来的研究中首次发现了搜索偏误的系统性证据。[21] 彼得给出一组三个数字，让人们找出这些数字的规律。接着他们给出另一组三个数字来验证他们的猜测，彼得会告诉他们这组数字是否符合这一规律。

让我们举个例子。如果你看到数字 2-4-6，你觉得是什么规律？彼得的大多数测试对象都会说是"连续偶数"。他们提出其他连续偶数的集合来验证这一猜测——可能是 4-6-8，12-14-16，或者 218-220-222。彼得会告诉他们"是的"，与假设一致。

但是这个"是的"并不支持这个假设。知道这三个数字满足某个规律对于你而言几乎是没有意义的，因为它也与**备择假设**一致。也许规律是任意三个偶数，或者任意三个递增数——所以这个新的信息几乎是无效的。

支持你的推测的唯一方法就是尝试推翻它，就像在国际象棋中试图回击你自己的棋步一样。你可以测试像 4-12-26 这样的数字。那么你的连续偶数理论就会被推翻，这表明你需要考虑别的可能。如果答案是"否"，那你就能排除"任意三个偶数"和"任意三个递增数"——从而通过排除备择假设来巩固你的推测。

然而，大多数人不会尝试 4-12-26 这样的数字组合，因为他们不愿意接受自己错了的可能性。他们担心得到肯定的答案，因为这会推翻他们的预感，这种恐惧将导致杏仁核被激活。但只有找出问题所在，才能找到正确的答案。灯泡发明者托马斯·爱迪生（Thomas Edison）曾说过："我没失败。我只是找到了 1 万种行不通的方法。"

你可能会认为，人们对一串数字怎么看并不重要。然而，搜索偏误会蒙蔽我们的内心，影响我们的身体健康甚至精神信仰。蒂莫西·布洛克（Timothy Brock）和乔·巴尔伦（Joe Balloun）给 112 名大学生播放了一些高中生的演讲录音，让他们判断这些演讲是否有说服力。[22] 大学生们以为研究人员对他们的评分感兴趣是为了给高中生们提供反馈，但其实这项研究别有用心。

录音中存在静电噪声干扰，蒂莫西和乔告诉学生们可以按下某个按钮来消除静电。除了三段比较中立的演讲，还有一段演讲认为基督教是邪恶的，一段认为吸烟不会致癌，一段认为吸烟会致癌。在学生们给演讲打完分后，他们填写了一份调查问卷，其中包括他们多久去一次教堂，抽烟的频率，以及一些比较中性的问题。

实验人员发现，只有当学生喜欢某段信息时，他们才会消除静电干扰。那些经常去教堂做礼拜的人不想听到反对基督教的言论，所以他们很高兴录音中有干扰。吸烟者对吸烟的危害充耳不闻，但却希望在演讲中明确驳斥反对吸烟的论点。

搜索偏误意味着，信息可获得性的大幅增加实际上可能会让我们更不了解情况。如今，我们可以在手机上查找信息，而不用亲自去图书馆；科学研究越来越强调"开放获取"，而不需要付费。这本应该让我们变得更加中立均衡，因为我们很容易看到问题的正反面。但结果恰恰相反——它增加了我们收集支持我们观点的证据的可能性，因此我们的观念变得更加极端对立。[⊖]解读偏误意味着我们看到的是我们想看到的；搜索偏误意味着我们找到的是我们想找到的。

⊖ 因此，我们在本书中引用的证据主要来自顶级同行评审期刊上发表的论文，我们将在第九章中强调这一点。

知识是如何适得其反的

我们已经证实，普通人很难避免确认偏误。但掌握知识就肯定能纠正这种偏误吗？知识更渊博的人可能会更好地理解相反的论证中的逻辑，并寻求不同的观点来进一步拓展他们的理解。如果是这样，确认偏误可能就不是什么大问题了。当然，它会导致普通人犯错，但我们希望治理我们国家的政客、公司高管以及管理我们养老金的投资者比我们这些普通人更聪明。或者，有的读者可能自认为很聪明，不会受确认偏误的影响，也永远不会犯下本章中提及的错误。

可悲的是，事实并非如此。查尔斯·泰伯（Charles Taber）和米尔顿·洛奇（Milton Lodge）发现，知识让事情变得更糟。他们首先要求政治学专业的本科生研究枪支管制的话题，探讨搜索偏误，重要的是，要以一种公平的方式，这样他们就可以向别人解释这场辩论。学生们可以接触到四个信息源，每个信息源有四个论点，如下表所示。

信息源	论点			
共和党				
美国步枪协会				
民主党				
反对持枪的公民				

每点击一个灰框就会显示一个论点，但参与者只能从 16 个框中选择 8 个，所以他们必须有所取舍。政治知识匮乏的学生的搜索方式会比较平均——他们平均只选择了略多于四个支持自己对于枪支管制观点的论点，略少于四个反对的论点。而政治知识更丰富的同龄人则表现出了明显的偏向，他们选择了六个与自己观点一致的论点，只有两个相反的论点。反对枪支的人渴望听听"反对持枪的公民"有什么要说的，但对于共和党的观点漠不关心；拥枪的支持者则恰恰相反。知识更多不会让人更加意识到需要考虑两个方面：相反，搜索偏误的情况会被加剧。

实验的第二部分讨论的是解读偏误。实验对象得到了四种关于平权行动的观点，分为两类各两种，并被要求对这些观点的说服力进行评分。[一]对平权行动不太了解的学生对于支持平权行动立场的论点平均给出了两票赞成和一票反对（2-1）；对于反对平权行动的论点，平均给出一票赞成和两票反对（1-2）。对于更了解情况的学生来说，这种差异更为明显：他们对自己喜欢的观点，评分是 3-0，而对不喜欢的观点评分是 0 比 6。这表明，掌握知识并不会让你更好地看到问题的正反两面，反而会让你为赞同的观点寻找更多论据，而对反感的观点则毫不留情地加以批判。

[一] 正如我们所描述的那样，对于一半的本科生来说，实验的第一部分（选择论点）涉及枪支管制，第二部分（评估论据）涉及平权行动。另一半学生的第一部分则是平权行动，第二部分是枪支管制。

小结

- 确认偏误会导致**解读偏误**。解读偏误体现为两种形式：
  - ◎ **天真的接受**：轻信我们偏好的说法，不核查事实或询问是否存在其他解释。
  - ◎ **盲目怀疑**：拒绝我们不喜欢的观点，并想出其他解释——也被称为动机推理。

- 为了检测是否存在确认偏误，你可以问问自己：我希望这句话是真的吗?
  - ◎ 如果是，请小心存在天真的接受，并询问是否存在其他可能。
  - ◎ 如果不是，请小心存在盲目怀疑，并认真对待。

- 确认偏误在我们的认知中根深蒂固。我们不喜欢的陈述会激活我们的杏仁核，这是负责触发"战或逃"反应的区域。如果我们能够抑制这种反应，就能促进多巴胺的分泌。

- 两个人看到同样的数据可能会得出不同的结论：人们看到的是自己想看的。把事实摊到明面上可能会导致**观念极化**，人们的观点会变得更加对立，而不是缓和。

- 确认偏误也会导致**搜索偏误**——我们对自己不认可的信息视而不见，拼命寻找自己想要的信息。但是支持某个假设的最好方法就是试图反驳它。

● 掌握知识并不能让我们更好地认识到自身存在的偏见。相反，它会让我们更容易受到偏见的影响，因为知识赋予了我们进行动机推理的能力。这进一步加剧了搜索偏误。

尽管确认偏误普遍存在，但它并非在所有涉及信息处理的情形中都会存在。对于死刑、枪支管制和宗教信仰等议题，我们可能会情绪激昂，但对于那些日常决策，我们并没有什么预设。如果不存在什么既定的观点需要确认，确认偏误就不会发生，所以我们希望自己在处理这些问题时能保持冷静和清醒。

不幸的是，还有一种偏见也悄然出现。我们接下来就要展开探讨。

第二章　"非黑即白"思维

1947 年，俄亥俄州少年罗伯特·科尔曼（Robert Coleman）前程似锦。这个糖果推销员和全职家庭主妇的孩子在刚结束的全州奖学金考试中，于 8500 名高年级高中生 ⊖ 中名列第二，被密歇根大学医学预科录取。

罗伯特不只成绩优秀。他很快成为密歇根大学的校园偶像，很擅长在派对上讲笑话和模仿。1951 年，罗伯特毕业后的暑假，在纽约州的卡茨基尔山区做喜剧服务员和表演艺人，迅速走红，一位星探递给他一份合约。就在罗伯特快要签字的时候，他不经意地提到自己原本有望成为一名医生。这位星探对喜剧演员朝不保夕的生活状态再熟悉不过了，于是撕毁了合约，劝他回归学医之路。[1]

因此，罗伯特进入著名的康奈尔大学医学院攻读医学博士学位，1959 年完成心脏病学住院医师见习。大多数年轻医生从

⊖ 高中高年级是指美国中学的最后一年。

此开启了他们在医院的职业生涯，但罗伯特想自己当老板。住院医师实习期一结束，他就在纽约市富裕的上东区开设了自己的诊所。诊所一开始并不顺利，自诩为美食达人的罗伯特开始抑郁、超重。他的体重在高中毕业后增加了80磅（约36千克），达到了225磅（约102千克）。

罗伯特去查阅学生时代潜心钻研过的医学期刊，拼命寻找能帮助他减肥的饮食方式，更重要的是，他不想感到饥饿。一项名为"对抗肥胖的新理念"的研究听起来很靠谱。[2] 他大胆尝试，还根据这个研究结果启动了一个方案。这个方案立竿见影——罗伯特在四周内减掉了30磅（约13千克），而且完全不会感到饥饿。

这一成功促使罗伯特从心脏病学转向减肥。他的私人诊所经营不顺，但却因祸得福。他被迫出去做兼职，监测公司高管的身体健康状况。这些人脉资源为他提供了理想的实验场所，他得以在更广的范围内检测这种饮食方式的效果。他邀请美国电话电报公司（AT&T）的65名高管参加了这个减肥计划，除一人外，所有人都达到了目标体重。

罗伯特因此声名大噪。1965年，他在"今夜秀"节目中推广自己的减肥计划，获得了全美范围内的认可。五年后，《Vogue》杂志刊登了他的减肥计划，这一计划备受青睐，也被称为"Vogue饮食法"。罗伯特很快家喻户晓，参加了"奥普拉脱口秀"和"拉里·金现场"，随后他开始主持自己的广播节目"你的健康选择"，该节目在全美播出。紧接着，1972年，他受邀出书，短短四个月内销量 100 万本。这本书很快登上《纽约时报》畅销书排行榜，并上榜五年，销量 1500 万册。

罗伯特的中间名是科尔曼。他的全名是罗伯特·科尔曼·阿特金斯（Robert Coleman Atkins），"Vogue 饮食法"后来被称为阿特金斯饮食法。他的畅销书《阿特金斯博士的新饮食革命》没有任何参考文献、脚注，甚至没有参考书目。出版商曾要求阿特金斯删除这些内容，并提醒他，太多的科学论述会削弱这本书的吸引力："这不是什么医学书籍，而是畅销书，它的目标群体是那些不怎么读书的人。"

这话说得没错，全球数以百万计的人读过这本书，并据此彻底改变了自己的饮食习惯，而这一切只不过是基于书中的一些故事。他们所遵循的减肥方法缺乏科学依据，甚至是否能实现短期减重效果都无从验证，更别说长远看来是否存在什么副作用了。尽管如此，推广这一减肥方法的书却成了历史上最畅销的减肥读物。[3]

阿特金斯热

那么，为什么这种饮食方法如此受欢迎呢？因为它很简单。它只有一个规则，唯一的规则：避免摄入一切碳水化合物。不

㊀ 阿特金斯饮食法第一阶段建议每天摄入的碳水化合物不超过 20克。举例参考，一根香蕉含有 23 克碳水化合物，虽然第一阶段不允许吃任何水果。

只是精糖食物，也不只是简单碳水化合物，而是一切碳水。你只需要查看营养标签上的"碳水化合物"一栏来决定是否要吃，而不必担心是复合碳水化合物还是简单碳水化合物，是天然的还是加工过的。

阿特金斯饮食法并不考虑适量摄入碳水化合物是否有益——也许只要它们不超过你每日摄入卡路里的 50% 就可以了？后一条规则比"尽量减少碳水化合物摄入"更宽松、更灵活。然而，要做到这一点却极其复杂。你必须测算你每天摄入的碳水总量，以及蛋白质和脂肪的摄入量。然后将每种营养物转化为卡路里，还要考虑每克营养物中不同成分的卡路里。这样做非常麻烦，永远不会流行。相反，阿特金斯的口号很简单——几乎不摄入碳水。

阿特金斯饮食法体现的就是"非黑即白"的思维方式。这种偏见意味着用二元对立的观点来看待世界。在我们看来——无论是像碳水化合物或红酒这种具体的物质，还是如宗教或资本主义等抽象的概念，抑或是举重训练或冥想等实践——要么是绝对的好，要么是绝对的坏。实际上，这些事物可能根本没有影响，或者它有好有坏，或者有几类是好的，有几类是坏的。但阿特金斯饮食法却没有做出这么细微的区分。在它的理念中，碳水化合物就是罪恶的，脂肪和蛋白质就是圣洁的。就是这样简单粗暴。

在第一章中，我们探讨过确认偏误的问题——如果某个说法和你既有的观点一致，你就会毫不犹豫地接受。设想你是阿马瑞恩葡萄酒（Amarone）的爱好者，或者是基安蒂葡萄酒（Chianti）的品鉴专家，又或者是多塞托（Dolcetto）的追随者，你一定能理解某个研究宣称红酒有益身体健康。但是"非黑即白"的思维方式或许比确认偏误更普遍，因为它会让你将片面的观点照单全收，不管它的立场是什么，**即使你并没有预设**。你可能不知道某样东西的属性是黑还是白，但如果你坚信它一定是非黑即白——不接受灰色地带——那么你就很容易被那些看似确凿的观点左右。

大多数人认为"蛋白质"是好的。我们上小学的时候就知道，蛋白质能增肌、修复细胞、强化骨骼。"脂肪"（fat）听起来就很糟糕——这么叫肯定是因为它会让你变胖（fat）吧？"碳水化合物"听起来就不是很清楚了。要不是阿特金斯，人们可能对它们是好是坏没有如此强烈的看法。如果阿特金斯饮食法给出的建议是尽可能多地摄入碳水，它可能也会像野火一样蔓延开来。

要写出一本畅销书，阿特金斯不一定非得正确。他只需要极端一点。

穴居人的逻辑

为什么我们天生就把世界看成是非黑即白的？

让我们把时间倒退 100 万年，穿梭到属于我们祖先的狩猎采集时代。狩猎者的生活充满了艰辛。要想在晚餐时能享用到一顿肉食，首先要用燧石或骨头制成矛尖，然后在炎炎烈日下进行长达五个小时的狩猎。如果你技术熟练，而且运气够好，成功杀死了猎物，你的工作还远远没有完成。接下来，你还得剥皮、生火，再把肉烤熟。晚餐后你还是没有时间休息，因为你要把废弃的兽皮缝制成衣服，修缮住所，第二天，第三天……每日每夜，循环往复。

同时，你还要确保自己不会成为鬣狗或老虎的盘中餐，或者染上致命的天花或麻风病。这些惶惶终日的现实意味着狩猎者的寿命平均只有 30 年，颠沛流离迫使人们总是在仓促中做出决策。假如你耗费了一整天去追踪一只羚羊，但羚羊最后躲起来了呢？这时你就需要另外觅食，迅速决定下一顿吃什么。有些食物可能有毒，但面对饥肠辘辘的家人，你没有时间去一一试验——也许可以先喂给动物观察一下它们的反应——但你必须快速思考做出判断。因此，你往往会遵循"非黑即白"的法则，比如"浆果是安全的"。你还需要辨别哪些动物是掠食者，但可能战而胜之；哪些动物极其危险，尽量躲避；哪些动物相对无害，可以不予理会。同样，你还需要快速做出决定——是战斗、逃跑还是置之不理？所以你会遵守一个简单的公式，比如"避开食肉动物"。[⊖]

非黑即白的思维方式会让狩猎者在生死攸关的情况下果断行动，因为速度就是生命。然而，简单的规则偶尔也会有错。

⊖ 可以通过锋利的牙齿和头部前方的眼睛来识别肉食动物。

比如，有一部分浆果是有毒的，吃了会生病甚至丧命。逃避一切肉食动物意味着耗费体力、放弃某种食物来源，甚至失去驯养猎犬的机会。

时光荏苒，快进到 100 万年后的今天，世界迥然不同了，生死攸关的场景变得罕见。虽然速度不那么重要了，但鉴于我们每天都要面临大量的决策，所以决策的数量的影响变得更为关键。非黑即白的法则很有吸引力，因为它们易于掌握，可以大规模应用——但盲目遵循有时会让我们误入歧途。英语拼写时，"i" 通常都在 "e" 前面，除了在 "c" 之后，但也有例外，比如 "seize"。科学告诉我们热胀冷缩的普遍规律，但也有例外，比如水的结冰。在音乐理论中，我们了解到每首歌曲都应该以四度和弦为核心——例如，在 A 大调中，这四个和弦分别是 A、E、升 F 和 D。[⊖]但音乐的魅力在于通过一些出人意料的举动来打破常规。绿洲乐队（Oasis）的 "香槟超新星"（Champagne Supernova）就是个例子，它以 A 调为主旋律，但当利亚姆·加拉格尔（Liam Gallagher）切换到副歌并唱到 "landslide" 这个词时，我们的耳朵都竖起来了，因为他从

⊖ 澳大利亚喜剧乐队 The Axis of Awesome 在 "四和弦之歌"（Four Chords）中将这一点发挥得淋漓尽致。在这段表演中，他们一边唱着不同歌曲的歌词，一边反复弹奏这四个和弦，凸显它们是如此普遍。A、E 和 D 是大三和弦，升 F 是小三和弦。有时，歌曲会超出这四个和弦的范围，但仍保持在 A 调内：他们可能会加入 B 小调、升 C 小调，或者——如果他们想冒一个险的话——加入升 G 减三和弦。G 不是 A 调中的音符。

A 调降到了 G 调，这种转变突出了这句歌词的情感深度。

导致二元思维的另一个原因在于，我们的日常生活充满了二元分割。体育比赛总是以两支队伍对峙的形式进行，穿不同颜色队服的球员就是对手。你不能传球给你的对手：一旦他们拿到球，你得努力把球抢回来。在许多情形中，我们只有两种选择——典型的美国总统选举只有两名可行的候选人；在英国脱欧公投中，只有"离开"或者"留下"两个选项。因此，我们解读某条信息时，会认为只能支持其中之一。

信了吗？你还不应该相信……至少现在还不应该。上面的例子只是为非黑即白的思维奠定了基础——这种方式扎根于我们祖先的决策过程中，帮助我们做出大量决定，并从世界的划分方式中得出结论——但并不意味着它是有科学依据的。为此，我们需要对人们如何处理信息进行学术研究。目前有三种不同的研究路径，每一种都讨论了非黑即白的思维模式是如何引导我们误入歧途的。接下来我们逐一探讨。

"非黑即白"思维的危险

为什么"非黑即白"的思维方式是有缺陷的？常见的答案是"世界是灰色的"。这确实是对的，但我们可以更精确地说：世界遵循的法则可能是适度的、差异化的，或者均衡的，如图 2 所示。

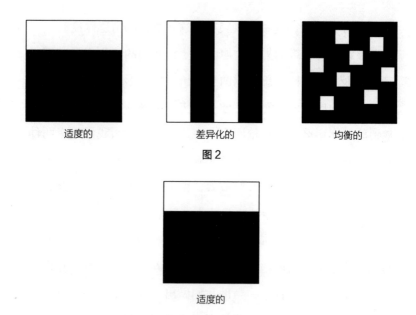

图2

如果某个东西到达某个临界点之后就不好了，那么它遵循的就是**适度法则**；在到达这个临界点之前，它是好的。碳水化合物就是个例子：根据科学研究，美国国家医学院建议，在每日摄入的卡路里中，碳水化合物应该提供45%~65%左右。然而，阿特金斯饮食法要求碳水摄入几乎为零。[4]

如果世界明明遵循的是适度法则，但是你非把它看成"非黑即白"的，那可能会很危险。《柳叶刀公共卫生》（*Lancet Public Health*）期刊有一项研究表明，50岁的人的碳水摄入量如果低于每日所需卡路里总量的30%，那么他的预期寿命会比碳水摄入占比50%~55%的人短四年。[5]即便这一研究也低估了其危险，因为阿特金斯饮食法建议的碳水摄入接近于零，而不仅仅是低于每日所需的 30%。还有一些研究记录了高蛋白摄入会导致肾脏问题，饱和脂肪的过量摄入会导致心脏疾病。[6]

阿特金斯本人也算个受害者。2002 年 4 月，他突发心脏病，住院一周，好在康复了。但第二年，他在结冰的人行道上行走时滑倒，头部受伤并陷入昏迷，十天后就去世了。阿特金斯死因的法医报告副本后来被泄露给了媒体。报告中提到他患有心脏病，他的反对者将其归咎于过度摄入动物蛋白和饱和脂肪。

阿特金斯饮食法将碳水化合物妖魔化，认为它们永远都是不好的。但是适度法则意味着碳水化合物的摄入量只在达到某个临界点之后才有害。或者，我们可能认为某些东西总是好的，而适度法则意味着它只在某个临界点之内才有益。

2007 年 4 月的一个周日早上，大卫·罗杰斯（David Rogers）兴奋不已。这位 22 岁的健身教练即将迎来人生的第一场马拉松比赛——而且不是普通的马拉松，是标志性的伦敦马拉松。两年前，他参加了全球最受欢迎的半程马拉松——英国大北赛，但是全程马拉松是更大的挑战。在英国寒冷的冬天，大卫不知疲倦地坚持训练，胸有成竹。他不仅是为自己而跑，还为英国运动神经元疾病协会筹集了 1200 英镑，他的父母和朋友们也长途跋涉南下伦敦来给他加油。

2007 年伦敦马拉松是有史以来最热的一届，最高气温达到 23.5 摄氏度。天气预报发布后，互联网上涌现了大量文章和博客为参赛选手提供建议。要知道，选手们训练的时候还是冬天，他们并不习惯高温，所以这些文章给出的最多的建议就是在比赛前一天晚上、第二天早上和比赛期间尽可能多地补充水分。因为对水的需求高，供给可能会不足，所以选手们每到一个补给点即便不渴也应该少量饮水——因为他们无法确定下一个补给点设在哪里。

大卫非常老实地听从了这些建议。他全程都在补给水分，并在 3 小时 50 分钟后完赛，这被普遍认为是一个很好的成绩。但冲过终点线不久，大卫就晕倒了，被送往医院并随后死亡，死因是水中毒——因为摄入了太多的水，体内的钠等基本矿物质被过度稀释到危险水平，对大卫来说，那也是致命的水平。

在不那么生死攸关的时刻，适度原则更适用。健身应用会跟踪你的锻炼时间，好像越长越好——举重训练时间越长肌肉越强壮是常识。但是举重实际上并不能增肌，它只会让肌肉被撕裂。只有在休息的日子里，肌肉才能得到修复，恢复得更强壮。书籍、案例研究和商业顾问兜售的大量商业实践只在一定范围内有效。老板给员工提供反馈有助于他们的发展，但反馈过多、过于频繁就会让他们觉得自己被管得太严太细了。让员工自由发挥能够激发创新，但过度放权可能会导致工作不协调、失去方向。

现在让我们来看看可靠的证据。心理学家爱德华·德洛什（Edward DeLosh）、杰罗姆·布斯迈耶（Jerome Busemeyer）和马克·麦克丹尼尔（Mark McDaniel）向我们展示了我们是如何以"非黑即白"的方式进行思考的——我们倾向于把影响划分为总是积极的（补充水分总是能提高马拉松成绩），或者总是消极的（碳水化合物总是妨碍减肥），即使数据清楚地显示出两者之间存在适度的关系。[7]研究人员给学生提供了一组数据，这组数据描述的是某种未知药物对人的性兴奋度的影响。他们首先告诉学生某个被摄入了多少，这个剂量在 0 到 100 的范围内。随后，让他们估计从 0 到 250 之间的性兴奋水平。学生们做出猜测后，实际的性兴奋水平会被揭示出来。这个过程被重复了 200 次，因此学生们有充足的机会去了解药物的真实效果。

108 名学生被分成三组，每组 36 人。其中两组显示，药物的影响总是积极的——第一组呈现出药物影响的速率是恒定的，第二组显示出影响速率递减。第三组则表现出适度效应——剂量增加之初，兴奋感有所提升，但随后出现了下降。这些关系如下图所示。

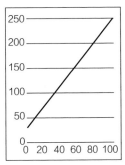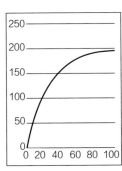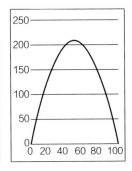

一开始，第三组的学生预测误差最大，可能是因为他们认为这种影响只会单向发生。即使在数据点达到 100 之后，他们的误差仍然是第二组的两倍——这反映出"非黑即白"的思维

在我们心中根深蒂固，即使数据清楚地表明过犹不及。直到 200 次试验结束后，第三组的学生才准确地预测了两者之间的关系。然后，在第二组 200 次试验中，他们中的许多人忘记了他们所学到的东西，并重新陷入药物的影响总是积极的这种预设中。

图 2 中的第一张图是对"非黑即白"思维的修正，因为它包含了两种颜色。然而，它仍然过度简化了现实，因为它只包含了黑色和白色，而没有中间的灰色地带。它暗示着存在不可逾越的界限——比如，喝水永远是有益的，但如果每小时饮水超过 1 升，就会损害健康；碳水化合物本身没有问题，但如果摄入碳水超过了每日卡路里摄入总量的 65%，那就糟了。对 2015 年的《巴黎协定》普遍的解读是，全球气温上升 1.5 摄氏度会是一个临界点，一旦超过这个临界点，将迎来世界末日，那以后的气候保护行动也将是徒劳的。相反，现实更接近于下面这张图，某个东西的影响是逐渐累积的，不存在绝对安全的临界值，低于它你就是安全的，超过它你就最好放弃。○

适度的

○ 相反，对于那些能产生益处而非害处的事情来说，并不需要达到某个门槛（例如 10000 小时的练习）才能让它有用。

这并不是说目标没有用——目标会给你方向，你对自己是否达到目标负责。与"我会尽我所能"相比，"在四小时内跑完马拉松"给你的训练提供了目标和方向，你为自己设立的"每周练习目标"会让你坚持每周三次练习单簧管，《巴黎协定》则为全球最严峻的挑战之一带来了前所未有的团结。

当你把目标视为要么"完美达成"，要么"白费功夫"时，问题就出现了。如果你平时训练的成绩表明四小时完赛是遥不可及的梦想，你可能就会放弃训练，转而去刷美剧、吃冰淇淋。《经济学人》杂志 2022 年 11 月刊的一篇文章援引了多种气候模型，预测 1.5 摄氏度的升温目标肯定会被突破，但文章同时强调"每 1 度的零头都很重要"。[8] 如果过度关注 1.5 摄氏度的目标，并认为这一目标无法达成，政府可能会选择认输，也无须为气候政策而烦恼。

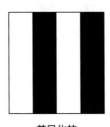

差异化的

如果某个东西有许多不同的形态，有些是好的，有些是坏的，我们就称之为差异化。"治疗肥胖的新理念"警告我们"葡萄糖对脂肪的产生有促进作用……肥胖者对葡萄糖的能量利用率很低"。这种说法仅指葡萄糖本身，但阿特金斯饮食法却据此诋毁所有碳水化合物。事实上，复合碳水（如大米、藜麦和土豆）比简单碳水要好得多，因为身体需要更长的时间来分解它们，所以它们并不会导致血糖飙升。

上面的例子其实就是把对一棵树（葡萄糖）的研究结果套用到整片森林（碳水化合物）。我们也会犯相反的错误，认为关于森林的陈述适用于每一棵树。小学的孩子们就知道胆固醇会导致动脉栓塞。事实上，高密度脂蛋白胆固醇是好东西——当然要适量——因为它有助于清除血液中的"坏"胆固醇。

科学研究揭示了我们如何忽视个体差异而进行**分类思考**，我们把事物放入桶里，并根据这些桶而不是单独的事物做决定。一个特别生动的研究领域就是"恶心学研究"。是的，这是一个正当的研究领域，而且研究成果颇丰。保罗·罗津（Paul Rozin）是该领域的领军人物。在一个实验中，保罗和两位同事把苹果汁倒进一个全新的便盆，然后请参与者喝。尽管他们承诺便盆非常干净，但 72% 的参与者坚决拒绝。[9] 这是因为我们的大脑对饮水容器有一个分类，而便盆并不在这个分类中。

在另一项研究中，保罗和搭档把一只经过彻底消毒的死蟑螂浸入一杯果汁中随后取出。[10] 50 个参与者中只有一个人喝了果汁，但如果把虫子换成塑料烛台，他们就非常愿意尝试了。第三个实验发现，参与者拒绝食用一种高端巧克力软糖，因为这种软糖的形状非常逼真，像一坨狗粪，他们更倾向于方形软糖。所以还是分类思维在作祟。我们把昆虫归类为脏的，认为它们不可能是无菌的，把形状像狗屎的东西归类为恶心的，即使它们实际上很美味。

保罗的研究讨论的是是 / 否的决定——你要么买单，要么不买单。还有研究表明，分类思维也存在于连续选择的过程中，即你在一个范围内进行选择。约阿希姆·克鲁格（Joachim Krueger）和拉塞尔·克莱门特（Russell Clement）在位于美国东北部城市普罗维登斯的布朗大学对 177 名本科生进行了一项调查。他们被告知一个特定的日期（比如 5 月 30 日），并被要求猜测当天普罗维登斯的平均气温。这一过程重复了 48 次，每次一个不同的月份，每个月四个不同的日期，随机呈现。

研究人员发现，学生们对气温的预测取决于月份，而不是当月的实际日期。他们对 5 月不同日期（5 月 2 日、9 日、16 日、23 日和 30 日）的气温预测都很相似，尽管 5 月本应该有更细微的差异，比如 30 日比 2 日更暖和。然后，他们预测在 5 月 30 日和 6 月 7 日之间气温会突然上升，尽管 5 月 30 日的气温可能更接近 6 月 7 日，而不是 5 月 2 日。就好像他们心里在默念着"五月温和，六月炎热"——而不管实际的日期是什么。

即使是专家也会陷入"分类思维"。1994 年 1 月 27 日，美国全国广播公司"今日秀"（The Today Show）节目的著名气象预报员威拉德·斯科特（Willard Scott）惊呼道："天哪，加油，二月！"然而，从 1 月 31 日到 2 月 1 日，气温并不会突然变化。

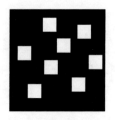

均衡的

如果某个事物同时包含好的一面和坏的一面，那么它就是**均衡的**，所以你不能轻易片面地划分。

我们来看一个例子。很多投资者担心气候变化，所以他们制定策略，要避开所有化石燃料公司的股票。但是石油和天然气公司也不是一无是处。许多这类公司正在积极投资可再生能源，因为它们意识到自我革新的必要。事实上，能源行业产出的绿色专利几乎超出了其他任何行业。[11] 全面排除所有能源股的策略可能适得其反，因为它抛弃了最有潜力解决气候问题的公司。同样，半导体公司也常被指责为全球变暖的罪魁祸首，这是因为制造的过程中会释放出全氟化碳，这种气体的热量吸收能力远超二氧化碳。然而，许多半导体公司会制造太阳能电池板和其他可再生能源转换器，⊖ 在与气候变化的抗衡中，它们至关重要。

请注意，均衡与适度以及差异化有微妙的不同。适度意味着向一家能源公司投资 100 万英镑没问题，但投资 200 万英镑就不行。差异化意味着有些石油和天然气股票毫无疑问是好

　　⊖ 这些设备可将风能等可再生能源转化为电力等可用形式。

的，但另一些则是彻头彻尾的垃圾。均衡则表明整个行业都是很微妙的——它既有好的一面，也有不好的一面，就像雪花牛排的肌肉组织之间交错着脂肪。

弗洛里安·希布（Florian Heeb）和搭档做了一项实验，发现人们往往以非黑即白的方式片面地评估可持续投资，即使它们是有好有坏的。[12] 他们愿意为绿色能源股支付更高的价格，但这种意愿并不取决于投资标的的绿色环保程度——减排5吨二氧化碳还是0.5吨并不重要。他们给投资标的贴上绿色环保或不环保的标签，忽略了其可持续性的实际水平。

心理学家马修·费希尔（Matthew Fisher）和弗兰克·凯尔（Frank Keil）同样发现了我们对均衡信息的解读是片面的。他们给150名学生提供了几段目击者的证词。有些是明确的，比如"某个证人100%相信被告没有犯某罪"，但有些则是模棱两可的，比如"某个证人50%相信被告没有犯某罪"。

在看完所有证据后，每个实验对象都被问及被告有罪的可能性有多大。马修和弗兰克发现，他们的判断取决于支持性和反对性证据的**数量**，而不是证据的力度。50%的确定性与100%确定的影响一样大——均衡的证据被以"非黑即白"的方式片面地解读。⊖ 正如他们总结的那样，人们未能"恰当权衡给定证据的力度，而是以非黑即白的片面方式进行评估"。如果我们只看到黑与白，那么灰色地带的微妙差异就会被掩盖。

⊖ 研究人员对另外三组学生进行了类似的实验，给出科学报告、社会判断或消费者评论，而不是目击者证词，结果是相同的。

小结

- **"非黑即白思维"** 意味着我们认为某个事物总是好的，或总是坏的。即使我们对某个话题没有预设，我们也更有可能相信一个极端或绝对的说法。

- 为了检测是否存在"非黑即白"思维，你可以问问自己：这个陈述适用于所有情况吗？

- 这种偏见之所以产生，是因为我们喜欢可以快速学习和应用的捷径。过去，在生死攸关的险境中，"非黑即白"的法则有助于快速决策。如今，这样的法则已被大规模应用。

- 如果世界其实是以下这些状态的，那么非黑即白的思维就是不正确的：

  ◎ **适度的**：某个事物只在某个临界点之下是有益的（比如水），过了某个点就是有害的（比如碳水化合物）。然而，我们天生就认为越多越好或越多越坏，即使数据显示情况正好相反。同样，我们把目标的达成划分为"完美达成"或者"白费功夫"，但是进步和退步通常是循序渐进的。

  ◎ **差异化的**：某个事物有许多不同的形态，其中一些是好的（如复合碳水），一些是不好的（如简单碳水）。然而，我们会从单棵树木推及整片森林。我们采用**分类思考**：将东西放入桶中，并基于这些桶而非事物本身做出决策。

◎ **均衡的**：某个事物既有好的一面，也有坏的一面，比如半导体公司。然而，我们往往基于单一的正面或负面属性做出判断。我们将某家公司划分为可持续的或不可持续的，但是忽略了其实际的可持续性水平，忽略了支持或反对的证据以及证据的力度。

第一部分讨论了导致我们在解读信息时犯错的两种偏见。当我们存在先入为主的看法时，就会出现确认偏误；而当我们没有预设，就会出现"非黑即白"的片面思维。这些偏见相互强化——如果一个说法既夺人眼球又很极端，我们就更有可能相信它。因此，我们将它们称为"双重偏误"。

在第二部分，我们将探讨由双重偏误引起的不同问题：我们将陈述误认为事实，将事实误认为数据，将数据误认为证据，将证据误认为证明。强调这些错误会帮助我们提高警惕，知道什么时候该深入挖掘。我们还会介绍一些我们可以问的简单问题，以确保我们不会爬上误解之梯。在附录中，我会把它们总结成一份简明的清单。

第二部分

问　题

第三章　陈述并非事实

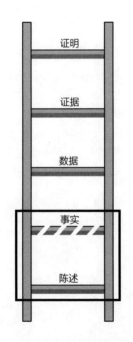

我第一次听说马尔科姆·格拉德威尔（Malcolm Gladwell）提出的 1 万小时法则，是因为加拿大太阳马戏团一位演员的演

讲。杂技演员詹姆斯（James）讲述了他如何练就这份工作所需要的高难度技巧。朋友们认为他只是碰巧生来就拥有灵巧的关节或过人的天赋，但詹姆斯坚持认为他没有什么与众不同的基因。相反，他单臂倒立的技巧正是源于长时间的刻意练习。詹姆斯援引格拉德威尔的理论，无论一个人的基因或成长背景如何，只要他们愿意投入 1 万个小时去练习，就能掌握任何技能。

这是一个强有力的陈述，也是我非常愿意相信的信息。从小开始，我们的父母、老师和善意的亲朋好友就不停地告诉我们"你可以做任何你想做的事""熟能生巧"。这些话语我耳熟能详，因此我愿意全盘接受这一法则。它不仅赋予了我力量，还让我更自信——我可以自豪地宣称，我所取得的成就源于努力，而不是遗传的幸运。

这一法则也适用于"非黑即白"的思维。除了普遍认为练习越多越好之外，它还表明，任何类型的练习都有帮助，即使世界是差异化的，某些形式的练习会比另一些更好。某种程度上，我一直相信这样的法则。我在麻省理工学院上学的时候，常和弗洛里安·埃德尔（Florian Ederer）一起打网球，我在牛津大学读本科时就认识他了。他一直念叨我应该去参加真正的比赛，但我觉得我的博士学习压力已经够大了，我只想随意地把球抽来抽去。（还有一个原因是，我有点害怕面对一个名叫埃德尔的对手。）我觉得如何打发时间并不重要——只要上了球场，这一个小时的练习就算数。

　　但是我对詹姆斯的话持保留态度。我需要自己研究这个法则。我在同行评审的医学期刊中发现了一篇论文，其中指出："1万小时法则断言要想精通任何技能，你需要练习，正确地练习，而且至少需要投入1万小时。"[1]《财富》杂志的文章中也提到，这一法则解释了"为什么我们中的有些人虽然并非命中注定能成功，但仍然可以成就一番事业"。这篇文章也引用了格拉德威尔的原话："1万小时法则是说，如果你观察任何复杂的认知领域，无论是国际象棋还是神经外科，你会发现一个惊人的一致模式——除非你投入至少1万小时去练习，否则你不太可能精通。"[2]

　　虽然这句话表达得很明确，但对于像我这样自尊心强的学者来说，仅凭杂志上的一句话是不够的。我买了本格拉德威尔的书《异类》（Outliers），他在这本书中介绍了这一法则。在书中，他强调"1万个小时是个伟大的神奇数字""1万个小时的练习是成为世界级专家的必要条件"。格拉德威尔解释了这一法则背后的科学原理，称之为"证据A"。这是心理学家K.安德斯·艾利克森（K. Anders Ericsson）和柏林音乐学院的两位同事在20世纪90年代初做的一项研究。

　　根据格拉德威尔的描述，研究人员将学院的小提琴手分为三组——有潜力成为世界级独奏家的"顶尖"小提琴家，"优秀"的小提琴手，以及最终成为音乐教师的人。到20岁时，未来成为教师的那批人已经练习了4000个小时，而优秀的小提琴手练习了8000个小时。那顶尖的呢？你已经猜到了——

1万个小时。除此之外，格拉德威尔还举了一些例子，从太阳微系统公司的创始人比尔·乔伊（Bill Joy）到莫扎特——"甚至是有史以来最伟大的音乐天才莫扎特，也要在练习1万个小时之后才能达到他这个境界。"

我的疑虑烟消云散。我不仅自己相信这一法则，而且从那时起，我每年都自信地向沃顿商学院的学生们讲授这一法则。因为这个法则，我从一位普通的金融学教授变成了雄心勃勃的励志演说家和人生导师。我对学生强调，你们可以在MBA学习期间学会任何想学的技能——公开演讲、谈判技巧，或者无形资产的跨境会计处理——只要你们相信自己，并愿意投入时间。他们会心地点头给我回应，这也让我确信这是一个得到普遍认可的事实。

几年后，我转到伦敦商学院格雷萨姆学院（Gresham College）担任兼职教授——这是一所非同寻常的学院，不授予学位，只向公众提供免费讲座。我有一场讲座是关于"成长型思维"的：人并非生来就具备一套固定的技能，技能可以通过后天努力来培养。"1万小时法则"是那次演讲的核心和亮点，而我之前只是简单地向我的MBA学生们提过。所以我决定要更认真地重读一遍《异类》，这一次我打算细致地梳理研究。

令人沮丧的是，我在书上发现了一些很微妙但是很重要的话，和我之前给学生们讲授的不一致。我所听到的那些引言似乎暗示，1万小时足以让你成功——在任何技能领域，获取真正的专业知识的关键就在于练习，所以即便你没有天赋，辛勤的汗水也必将把你推向人生的巅峰。但是格拉德威尔的观点是，它们是成功的必要条件，你需要练习，也需要天赋。他并没有承诺如果练习了就一定能做好，而是提醒你："除非你好好练习，否则你不可能做得很好。"

但是格拉德威尔也不是无可指责。我意识到信息被误读了，也意识到我还需要认真研究艾利克森的论文。完全没错，这项研究是关于小提琴家的。艾利克森和他的合著者要求每个学生记录每天花了多少时间进行刻意练习。格拉德威尔声称，顶尖的小提琴家比优秀的小提琴手练得更多，但事实并非如此，研究人员发现二者的练习时长**没有区别**——每个人平均每周练习 24.3 小时。

我很失望，但并没有气馁，我接着往下读，带着偏见搜索能让我继续教授这一法则的证据。研究人员询问这些如今已经崭露头角的 23 岁的音乐家，自从学习小提琴以来，每年、每周练习多少次。大多数学生都是 5 岁开始学习小提琴的。5岁！18 年后，他们的回忆还能有多准确呢？我回忆起自己 5 岁时下棋的经历，我当时可能和那些小提琴手一样认真。经常有人问我练了多久，但我压根儿说不出一个数字：根据学校课业多少和接下来是否要参加比赛，练习量每周都在变化。估计一个大致范围是很困难的——即使是实时估算的，更何况是 18年后。我越来越焦虑，不得不承认，与格拉德威尔的明确陈述相反，这项研究所依据的是粗略的猜测。

最可恶的是，论文中没有任何地方提及 1 万个小时。唯一引用的数字是："到 18 岁时……顶尖的年轻小提琴手平均练习了 7410 小时。"这项研究确实包含了一幅图表，显示了每组小提琴手 20 岁之前的练习时长。从图表上看，顶尖的那组在那个年龄的平均练习时长在 1 万到 1.1 万小时之间。这个数字确实比"优秀"组要大，而"优秀"组的时长又超过了未来成了教师的那批人。

但为什么是 20 岁呢？艾利克森在他自己的书《刻意练习》（PEAK）中有一章的标题是《不，1 万小时法则并不是真正的法则》，他澄清道："在 18 岁或 20 岁的时候，这些小提琴手离小提琴大师还差得远……赢得国际钢琴比赛的钢琴家往往 30 岁左右，因此到那时他们可能已经练习了大约 2 万到 2.5 万个小时。"这三组的图表都随着年龄的增长而增长，所以即使是未来成为教师的那批人的练习时长也会达到 1 万小时这个神奇的数字——如果格拉德威尔是对的，那么这批成为教师的人最终也会成为世界级大师。当然，这可能需要更长的时间，但他们最终会达成这个目标。"任何人都可以达到巅峰""我们中的一些人虽然并非命中注定能成功，但仍然可以成就一番事业"，这难道不是这一法则的神奇之处吗？

这件事给我上了重要的一课：**陈述并非事实，因为它可能不准确**。我听杂技演员詹姆斯说过这个法则，从科学论文中也读到过，也看过《财富》杂志对格拉德威尔的采访。我记住了他的书《异类》中的几句话，这几句话证实了我之前所看到的、听到的。然而，这还不够：我需要抛开他人的说法，头脑清醒地阅读他的书。即便这样还是不够，我还需要去读一读他书中所引用的研究报告，并确保这些报告和他的说法是一致的。请注意，我其实不需要对统计学多么精通——我只需要能读懂英语——但我从来没有努力去核实这个陈述，因为我打心底里希望它是真的。

我很尴尬，多年来我一直在教授这一法则，在散播错误信息。但我是不是对自己太苛刻了？我的演讲从来没有特别强调1万小时这个数字，相反，我谈论的是一个宽泛的想法，即练习很重要。我也没有给大家强调能力不重要。我鼓励学生们培养在公众场合演讲的能力，而不是努力成为一名芭蕾舞演员。我们是不是对格拉德威尔太苛刻了？强调努力付出的优点真的有那么糟糕吗？如果一则陈述不完全是精确的事实，这真的重要吗？

付诸行动

丹·麦克劳克林（Dan McLaughlin）从中受到了启发。30岁之前，他一直漂泊不定——换过不同的大学，从这个州搬到那个州，担任商业摄影师，职业不停地换来换去。后来，他读到了《异类》这本书，并被这个想法所激励：通过不懈的努力和付出，一个人可以在任何事情上达到卓越。打高尔夫似乎是一项检验这一理论的完美运动。它对精神和身体的要求都很高，但不像其他运动需要你从小开始，那样会令人望而生畏。

丹喜欢这样的挑战。而且高尔夫是一项很客观的运动，拥有一套明确的障碍系统，可以让丹准确地衡量自己的进步。

丹·麦克劳克林有着宏大的梦想，那就是参加美国职业高尔夫巡回赛。尽管他甚至还没有完整地打过一轮高尔夫，但"1万小时法则"是他通往荣耀的入场券。他攒了钱，辞掉了工作，开始向那个神奇的数字努力攀登。丹在俄勒冈州波特兰市的公共高尔夫球场羞涩地开始了他的训练，从基础开始。他站在离球洞一步之遥的地方，学习简单的推杆技巧。每天练习四个小时，日复一日；随着他的技能慢慢提升，他逐渐向后退，增加与球洞的距离。在长达四个半月的时间里，他所做的一切几乎就是推杆。后来他开始练习让球飞起来的击球技巧；没过多久，他每天四小时的练习就会以打完一轮完整的18洞告终。

经过两年不间断的努力，丹的差点指数降到了8.7；三年后降至6.2，四年后进一步降到3.3。在第五个年头的大部分时间里，他的差点徘徊在3左右，这使他成了美国2600万高尔夫球手中前4%的顶尖选手。这与世界级水平相去甚远——至少有100万美国人与他水平相当——但这样的成绩仍然相当不错。

就在6000小时大关之后，灾难降临了。一天，在球场上，丹打到一半突然腰部剧痛。他一杆都没法打，几乎是挣扎着离开了球场。医生告诉丹他的腰椎间盘突出了。休息了几周后，丹试着恢复训练，但每次只要打几洞，疼痛就又发作了。受伤五个月后，他不得不放弃了梦想。

　　我们不可能将丹的受伤归咎于单一原因，但过度训练可能是最大的原因。对 1 万个小时的执念导致丹在涉及重复动作的运动中过度练习——特别是因为这一法则强调你应该只专注于不太熟练的技能，而不是通过举重或瑜伽进行交叉训练。据《大西洋月刊》报道，丹的代价不仅仅是身体受伤：为了追求目标，他"抛弃了一切——事业、金钱，甚至人际关系"。他甚至还把为研究生学习预留的所有的钱都投资到了这个目标中。

　　让人们从现实中受到鼓舞甚至点燃雄心勃勃的希望是值得肯定的。但是，坚持认为任何人都可以成为专家会导致人们耗费大量时间和金钱去追逐"空中楼阁"般的梦想。即使对于那些有成功机会的人来说，也会误导他们专注于练习的数量，而非质量。格拉德威尔声称，任何时候对活动进行预演都很重要。他认为，披头士乐队之所以成功是因为被邀请到德国汉堡演出，那里的演出持续了 8 个小时，而在英国利物浦的演出只有 60 分钟——"1 万小时法则"一章的副标题就是"在汉堡，我们必须演出 8 个小时"。然而，艾利克森的研究强调的是需要在教练的指导下进行独奏的刻意练习，并明确将演奏划分为不同的类别。

　　这一法则的最终效果可能会让人沮丧，而不是那么激动人心。1 万个小时是一段漫长的时光——十年，每周练习 20 个小时。它传达了一种"非黑即白"的暗示：**除非你能达到 1 万个小时，否则，你的练习将是徒劳一场**。如果这是真的，那么我的那些 MBA 学生们都不需要努力培养金融技巧、公开演讲或谈判技巧了。"除非你练习 1 万个小时，否则你就做不好……"既然如此，那为什么还要尝试呢？

提出假设本身并没什么问题。讲述比尔·乔伊、莫扎特和披头士的故事并推测他们的成功背后是大量练习，这当然也没问题。但我们应该这样看——这只是一系列精彩的故事和大胆的猜测。提出假设是一回事，宣布某个法则适用于"从国际象棋到外科医学等任何复杂的认知领域"则是另一回事，二者之间横亘着巨大的鸿沟。我们可以说自己已经对此检验过，并告诉大家"证据 A"实际上并不足以支持这一假设。

就像本书中的许多例子一样，那些登上误解之梯的人可能并非有意要欺骗读者。他们也是普通人，所以他们无法完全克服双重偏见——就像我在阅读艾利克森的研究之前，就给学生教授 1 万小时法则。这些偏见有百害而无一益，所以我们在登上误解之梯前要格外小心。

我真的这么说过吗？

有的书不够严谨，对证据有点草率，但是你可能并不觉得震惊。毕竟，作者的目标通常是写好卖的东西，而非真实的东西。有句话是这么说的："永远不要让真相毁了一个好故事。"不幸的是，就连政府官方报告都会错误地引用陈述并将其作为事实，而政府报告本应是准确的标杆。

英国政府商业特别委员会在 2018 年对高管薪酬展开了独立调查。他们担心首席执行官在公司业绩不佳的情况下仍获得巨额薪酬。我的工作有很大一部分内容是研究薪酬改革，所以我想参与其中，并提供一些证据。第二年最终版报告出来时，我很好奇地读了读。

在阅读了大家提交的所有材料后，委员会并没有改变他们最初的预设，即首席执行官的薪酬过高。这一观点的关键点在于他们认为首席执行官并不重要，因为公司里还有成千上万的其他员工——报告称："关于首席执行官个人对公司业绩的影响，证据是模棱两可的。[110]"但是大量科学研究的结果恰恰相反。更大多数的劳动力当然重要，但首席执行官也很重要。这不是非此即彼的问题，就像足球经理人和球员都会影响球队是否成功。

报告提到了脚注 110，所以我扫了一眼页脚，想看看是谁胆敢在政府调查中撒谎。上面赫然写着"亚历克斯·爱德蒙斯教授"，我惊呆了。我慌慌张张地仔细琢磨自己最初提交的材料，担心是不是出现了致命的错别字——但我的证据却清楚地表明了相反的观点：首席执行官对公司有重大影响。⊖委员会只读到了他们想要读到的内容。

我愿意相信委员会没有故意曲解我提交的材料。但正如我

⊖ 我写道："受高股权激励的首席执行官每年比低股权的首席执行官的业绩要高出 4%~10%，研究人员做了进一步研究，结果表明这之间存在因果关系，而不仅仅是相关关系。"

们在第二章看到的，如果你有很强的先入为主的预设，确认偏误就会让你把**任何**证据都解读为与预设一致，即使这些证据含糊不清，甚至与之相悖。这样错误信息就会散播开来。读者们会注意到脚注信息，告诉自己放心，这背后一定有证据支撑，并且在没有核查证据来自谁的情况下就相信了。还有的人可能查看了脚注，看到写着"亚历克斯·爱德蒙斯教授"，会好心地认为我应该是可信的，因为我是从事高管薪酬研究工作的，所以也不会去深究真假。这仍然是不够的——读者需要确保参考文献确实支持了这一说法。句末有脚注并不意味着这句话就是真的。

连摘要都没看

格拉德威尔对于艾利克森的话的引用表明，即使一篇文章是准确的，其他人也可能为了达到自己的目的而进行篡改。但你需要一些努力才能发现——你必须深入挖掘才能找出论文中到底测试了什么，又得出了什么结论。我向英国政府提交的调查报告长达 11 页，约 4500 字，那些不像我这样对高管薪酬话题感兴趣的人，可能压根都没有勇气翻开。

幸运的是，有时候你可能在第一页就能发现错误描述。所有的学术研究都以"摘要"开头，用 100 至 150 个单词对主要研究结果进行简单的英文总结。引言中提到的那篇关于薪酬差距的论文，摘要中有一句清晰夺目："公司价值和经营绩效会随着相对薪酬的增加而提高"。有时候，你甚至不需要读这些内容。

　　商人史蒂夫·丹宁（Steve Denning）在《福布斯》上发表了一篇评论文章指出："在有史以来被引用最多、但阅读量最少的一篇商业文章中，金融学教授威廉·梅克林（William Meckling）和迈克尔·詹森（Michael Jensen）提出了股东价值最大化的定量经济学理论 ⊖ ……梅克林和詹森提议，允许企业在整个社会中肆无忌惮地追求自身利益。"同样，西蒙·斯涅克（Simon Sinek）在《团队领导最后吃饭》（*Leaders Eat Last*）这本书中也表示，威廉·梅克林和迈克尔·詹森给出了"每个人都在寻找的答案"，"一个衡量企业绩效的简单指标"——股东价值。

　　丹宁在这一点上说对了——文章没有被广泛阅读（没有证据表明它的"阅读量最少"，那是一种片面表达）。他自己可能都没有读过，因为它的开头是这样的：

公司理论：管理行为、代理成本和资本结构

迈克尔·C. 詹森和威廉·H. 梅克林 ⊖

　　这篇文章的作者是詹森和梅克林，而不是梅克林和詹森。我是不是太挑剔了，挑剔人家把作者的名字写反了？事实上，这是一个非常值得关注的危险信号。它表明丹宁和斯涅克甚至

⊖ 股东价值是指公司为股东创造了多少价值。如果公司是上市公司，其市场价值（在股票市场上的价格）就是股东价值的估计值。

⊖ Reprinted from the *Journal of Financial Economics*, Vol 3, 1976, Michael C. Jensen and William H. Meckling, Theory of the Firm, Copyright 2023, with permission from Elsevier.

都懒得读一读这篇文章：他们只是打开了维基百科。当时维基百科上关于"股东价值"的词条是：金融学教授威廉·梅克林和迈克尔·C.詹森……为股东价值最大化提供了定量经济学理论——这几乎正是丹宁所写的。似乎丹宁想要攻击股东价值，他在维基百科上查了一下，在没有阅读的情况下复制粘贴了一项研究的描述。[3] 如果他想指责这项研究造成了社会问题，他需要仔细核实，但他连第一页都没看一眼。

事实上，詹森和梅克林并没有建议企业"肆无忌惮地追求自身利益"。他们的第一个图表有两个轴，一个代表股东价值，另一个代表"非金钱利益"，并表明一家公司应该居中。那么"非金钱利益"又包括什么呢？比如慈善捐款、员工关系（"爱""尊重"等）——和肆无忌惮的贪婪完全无关。但是大量的读者可能已经接受了丹宁和斯涅克的片面陈述，因为它们证实了他们对资本主义的看法。

在这里，把研究人员的名字写反就是一个明显的信号，表明作者没有读过他们所引用的研究。还有的文章错误地引用了标题或漏掉了其中某个作者。人们有时只是扫一眼研究的标题，甚至连摘要都不看。

斟酌你的措辞（和数据）

如果某句话是直接引用，那么还有一个捷径去核实——你只需要进行搜索，而无须费力地浏览整份报告。铺天盖地的文章声称，通用电气公司（General Electric）前首席执行官杰克·韦尔奇（Jack Welch）曾说过："股东价值是世界上最愚蠢的想法。"谷歌搜索很快就会告诉你这句话出自英国《金融时报》的一篇采访，按下 Ctrl+F 键，就会看到这句话的上下文："从表面上看，股东价值是世界上最愚蠢的想法。股东价值是一种结果，而不是一种策略。"显然这句话的含义完全不同。因此，虽然从技术上讲，这个参考并不是假的，但它仍然是个谎言，因为它是有选择性的，脱离了上下文。引用它的人砍掉了它的头和尾，只留下了一个黑白相间的身体。

　　选择性引用也会发生在数据上。马修·沃克（Matthew Walker）2017 年的畅销书《我们为什么要睡觉？》（*Why We Sleep*）用如下柱状图展示了青少年睡眠时长与受伤次数之间的关系。

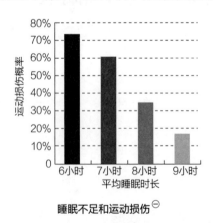

睡眠不足和运动损伤 ⊖

沃克引用的这张图来自一篇题为《青少年运动员长期睡眠不足与运动损伤增加有关》的论文。[4] 这张图以及沃克的整本书，正好映射出我们的双重偏误，因为我们都想找个冠冕堂皇的借口在床上多躺会儿，同时也相信一味地埋头苦干会受到惩罚。由于这是一个特定的图表，我们无须阅读全文就可以很容易地核查其内容。这份四页半的研究报告确实包含了如下图表。[一]

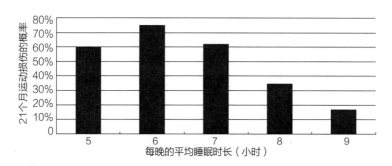

对应不同的每晚睡眠时长的运动损伤概率[二]

沃克从柱状图里删除了 5 小时睡眠比 6 小时或 7 小时睡眠对应的受伤次数更少的部分，因为这与他的预设观点不符。这

[一] 作家奥利·哈塔亚（Olli Haataja）首先指出了这一点，随后这一观点被研究员阿列克谢·古热伊（Alexey Guzey）推广。

[二] Milewski, Matthew D. MD; Skaggs, David L. MD, MMM; Bishop, Gregory A. MS; Pace, J. Lee MD; Ibrahim, David A. MD; Wren, Tishya A.L. PhD; Bar-zdukas, Audrius MEd, Chronic Lack of Sleep is Associated with Increased Sports Injuries in Adolescent Athletes, *Journal of Pediatric Orthopaedics*, 34（2）: P 129-133, https: //journals.lww.com/pedorthopaedics/fulltext/2014/ 03000/ chronic_lack_of_sleep_is_associated_with_increased.I.aspx

就像警察隐瞒了可能对嫌疑人有利的证据。

在所有这些案例中，都很容易找到真相。你不需要任何统计学知识，你所需要做的就是查找原始来源。如果引用的是某个研究，确认研究作者本人的结论；如果是引用，那就结合上下文语境来核对；如果是图表，核实真实的图表。当然，如果每看到参考资料都去逐一核实，你会发疯的。但是如果那个说法特别重要，并且可能会导致双重偏见，那么去核实并确定它是否真实就很有价值。

有时候，你甚至不需要去亲自查找来源——如果这本书或这篇文章很有影响力，可能早就有人扮演了"侦探"的角色。在谷歌上搜索"我们为什么要睡觉　批评"或"1万小时法则　批评"（不加引号），你会发现，除了我们讨论过的问题之外，这两本书还存在无数其他问题。但是如果我们的判断受到了确认偏误的影响，就会简单地接受论文的字面意思，而不会费心去寻找其中的任何瑕疵。

所有这些例子都说明了验证陈述是否为事实的第一步就是：**检查作者的结论是否与陈述相符**。这样做可以帮助我们防止第三方为了达到自己的目的而错误地引用某个研究、某个提交的证据或某个采访。但问题不仅仅在于第三方，作者自己也可能是罪魁祸首。现在我们来看一个让人很不舒服的例子。

不曾存在的证据

2021年7月20日，是我值得骄傲的日子。我在伦敦商学院担任教授，该学院发布了一份报告，声称董事会的多元化可以提高公司绩效。这不是一份随意的报告，而是由英国监管机构——英国财务报告委员会委托撰写的报告，因此它很可能会在实践层面有所影响。作为少数族裔的一员，我支持各种形式的多元化，当我读到标题为"董事会的多元化会带来更好的企业文化和更高的绩效"的新闻稿时，我很高兴。

很显然，通过全面的观点，我们得以克服个人偏见——甚至可能是双重偏见——从而做出更好的决策。虽然这个想法听起来显而易见，但重要的是要用数据来检验它，这就是伦敦商学院所做的。

1万小时法则的教训告诉我，不要把某句引言当成理所应当，于是我开始了马拉松式的阅读，这份研究报告长达 132 页。摘要和新闻稿是一致的，强调"英国富时集团 350 家公司董事会的性别多样性与更好的预期财务绩效（以 EBITDA 利润率衡量）呈正相关"，这是衡量盈利能力的一个指标。○ 目前为止，一切都没问题。然而，这只是对结果的一种陈述，并不是实际的结果。我需要深入研究附录 C 中的表格 C.7、C.8 和 C.9，它们将性别多样性与 EBITDA 利润率联系起来。这些表格包含了 90 种不同的测试，而这 90 种测试中的每一种都没有发现性别多样性与 EBITDA 利润率之间存在任何关系。[5] 作者

○ EBITDA（息税折旧摊销前利润）是衡量公司利润的一个指标。EBITDA 利润率是 EBITDA 除以销售额，这个比率可以衡量公司的盈利能力。

公布了一个根本不存在的结果。

　　这种陈述不仅不诚实，而且完全没必要。大多数公司都追求多样性，因为它是正确的选择，而不是为了追求盈利。即使多样性和绩效之间不相关，公司仍然支持多样性，因为它表明增加多样性是无须付出额外成本的，不需要以牺牲盈利为代价。但是许多报纸、公司和专业机构毫无质疑地接受了这些说法，标题上赫然写着"董事会的多元化会提高财务绩效"。[6]

　　这揭示了陈述并非事实的第二个原因：作者可能会曲解自己的发现，因为引人注目的妙语会让他们更具影响力。仅仅验证第三方的陈述是否得到作者结论的支持是不够的。我们还需要进行第二步：**检查作者的结果是否与他们的结论相符**。

　　我们还需要更进一步。第三步是**检查作者的数据是否与他们的结论相符**。一项研究可能不仅误述了数据是否显示了某个相关性，而且还可能误述了数据实际上代表什么。数据可能测量的是截然不同的事物，可能遗漏了一大部分信息，也可能是自我报告的，抑或是循环论证的。

　　关于**数据测量的是截然不同的事物**，我们来举个例子。2020 年 5 月，乔治·弗洛伊德（George Floyd）被谋杀后，爆发了争取种族正义的抗议活动——"黑人的命也是命"（Black Lives Matter，BLM）。一些人担心大规模抗议可能会加剧新冠疫情的传播，但有一项研究声称，"举行抗议活动的城市社交距离**增加**了"。[7]媒体对此广泛报道，因为他们的读者希望这个结果是真的。但是研究人员并没有测量社交距离，而是统计了待在家里的时间（基于手机定位数据）。社交距离取决于你与他人之间的距离，而不是你待在家里的时长。你可能只离开家两个小时，但如果是去参加群众集会，社交距离就不可能增加。

这种误导性的传播也是没有必要的。许多人认为，即使无法保持社交距离，但是抗议延续了好几个世纪的不平等是正当的，就像尽管药物有副作用，但你仍然应该服用一样。但非黑即白的思维方式意味着我们想给事物贴上明确的"好"或"坏"的标签。因此，如果一项研究表明可能存在利弊权衡，无论这种可能性有多小，它都不太可能得到广泛传播。

第二个问题是，**数据可能遗漏了很大一部分信息**。2022 年有一项研究表明，禁止在伦敦公共交通工具上投放垃圾食品的广告将让 10 万人远离肥胖，并将为英国国家医疗节省 2.18 亿英镑。[8] 伦敦市长对这项研究赞不绝口，这并不奇怪，因为那则禁令就是他颁布的。我是个健身狂，对健康问题也非常关注，作为一名行为经济学家，我相信这些类似广告的助推措施会管用，所以我对此很欢迎。

但是从这份报告的标题页读到第三页，我发现他们统计的是"买回家的食物和饮料"——但其实很大一部分垃圾食品是在家以外的地方被吃掉的。他们统计的数据还彻底排除了你坐在麦当劳餐厅里吃掉的汉堡，在酒吧里喝掉的啤酒，以及更多的在足球场边被消灭的汉堡和啤酒。

第三个不准确的原因是，**数据可能是自我报告的**。我在我

的第一本著作《蛋糕经济学》（*Grow the Pie*）中积极评价了
ShareAction，这是一家致力于利用股东力量让公司承担更多社
会责任的慈善机构。2022 年 7 月，他们主导了一场运动，旨在
促使塞恩斯伯里超市支付生活工资。[⊖] 支付最低生活工资从道
德层面而言令人信服。然而，ShareAction 还另外提出了一个不
同的论点——它声称有广泛的证据表明，最低生活工资将提高
塞恩斯伯里超市的利润。[9] 提高工资不是把股东的蛋糕拿走分
给员工，而是把蛋糕做大——员工会更有效率，更有可能留下
来，最终让股东受益。[⊜]

　　鉴于这是我书中的论点（尽管 ShareAction 并没有使用我
这个具体的比喻），我当然特别愿意接受这个观点，但我还是
先查阅了他们提到的研究。[10] 它其实从来没有真正衡量过企业
的盈利能力，而只是询问那些采纳了生活工资标准的公司，它
们是否认为这一做法提高了企业的利润。大多数企业都认为
提高了。但正如曼迪·赖斯 - 戴维斯（Mandy Rice-Davies）
在 1963 年的审判中提供的证据，英国首相哈罗德·麦克米伦

⊖ 在英国，所有公司都必须支付法律规定的最低工资，这被称为
　国家最低工资（对于 23 岁以上的工人来说，称为国家生活工
　资）。生活工资（有时被称为实际生活工资以避免混淆）是由生
　活工资基金会设定的建议工资，该基金会是一个非营利组织，
　根据生活成本推荐一个更高的工资水平。许多公司自愿支付生
　活工资，但并没有法律义务这样做。

⊜ 关于引用的其他研究的问题，请参阅汤姆·戈斯林（Tom
　Gosling）撰写的《关于 ShareAction 支持塞恩斯伯里生活工资
　决议的证据》一文。

（Harold Macmillan）政府因此名誉受损，那句话被替换为："他们会这么说，不是吗？"——通常缩写为 MRDA（"曼迪·赖斯－戴维斯适用"）[⊖]：如果你做出了一个重大的商业决策，你肯定会认为这是正确的决定，因为你会受到确认偏误的影响。当数据是自我报告的时候，人们可能会说出内心深处希望为真的话。

最后一个问题是，**数据可能是循环论证的**。几乎每一项研究都在讨论输入如何影响输出——死刑是否能阻止犯罪，喝水是否能提高马拉松成绩，垃圾食品禁令是否能抑制肥胖。[⊜] 有时候输入和输出衡量的几乎是同一件事，所以任何关系都是自然而然的。2020 年麦肯锡一份关于公司应对新冠疫情的报告发现，有弹性的公司表现更好——销售和利润保持稳定，而没有弹性的公司表现则直线下降。[11]

麦肯锡是如何定义公司的弹性的？不是看公司高管们有没有撸起袖子参与进来，也不是看公司有没有坚韧不拔的企业文化，而是看哪些公司的股价排名进入了前 20%。销售和利润是影响股价的两个最重要因素，所以前 20% 的公司几乎自然而然地拥有好看的销售和利润。这就和发现"赢球越多的足球队

⊖ 在审判期间，辩护律师称保守党贵族阿斯特勋爵否认与赖斯－戴维斯有染，对此她著名的回应是："嗯，他会这么说，不是吗？"这现在通常被改写为："他／她／他们会这么说，不是吗？"

⊜ 输入和输出也分别被称为自变量和因变量。

进球越多"一样令人吃惊。然而，通过给表现良好的股价贴上"弹性"（一种人们钦佩的品质）标签，该研究得以提出一个诱人的观点，即弹性会带来回报。

不曾做过的研究

还有比数据不可靠更糟糕的吗？有——那就是根本就没有数据。2019 年，两家颇具影响力的机构联合发起了一项研究 [12]，并发布了一篇题为《首席执行官薪酬方案极大地阻碍英国顶级公司创新》的新闻稿。然而，没有任何实验支持这一结果。他们所做的只是收集高管薪酬的数据，证明其具有奖金等某些特征，并假设奖金会阻碍创新——这里存在输入（薪酬）的数据，但没有输出（创新）的数据。就像《爱丽丝梦游仙境》中红心皇后蔑视地说的，"先判决，后评审"。他们下定决心惩罚高管薪酬，但是没有提供任何有罪的证据。

这部分就此翻篇了——那么，还有什么比一篇论文没有数据支撑更荒谬的？当然有，那就是连论文都没有。2022 年 3 月，路透社发表了一篇题为《董事会中的女性越多，对气候的影响就越大》的文章 [13]，引用了知名投资公司 Arabesque 的一项研究。我对多样性和气候话题都很感兴趣，但根本没有这样的研究。这篇文章没有提供任何论文的链接，Arabesque 的网站上也找不到任何相关内容。我的一位同事给 Arabesque 发了邮件，但没有收到回复。我的领英上到处都是路透社的这篇文章，于是我问那些分享这篇文章的人是否可以把研究报告发给我，他们承认并没有亲眼看到，但选择了相信记者的话。但是如果一篇文章给出的是读者不希望看到的结果，那么他们就不会那么轻易接受，而会要求提供分析过程，并且要刨根究底。

同样，报纸上有时会写"一项与《每日新闻》独家分享的研究"，给人一种给你透露大八卦的感觉。我们不应该对这样的文章感到兴奋，而应该高度怀疑——如果作者不公开发布这项研究，它很可能存在漏洞。这就像某个音乐人声称自己录制了一首可以抗衡《江南 Style》的神曲，却从不给任何人听。如果他的歌真那么脍炙人口，他自然会交给大家来评判。

就像那些错误的引用和被精心编辑修改后的图表一样，解决方案并不难。你可以上网快速搜索是否存在相关研究。如果有，它是否进行了研究中所提到的那些分析。如果是，使用的是什么数据，结果是否真的找到了关联。以这种方式仔细审查每一篇论文是不切实际的，但我们可以有选择性。有的研究几乎没有歧义。如果有研究将足球俱乐部的工资账单与联赛排名联系起来，或者将一个人的睡眠时间与体重指数联系起来，我们可以断定作者是如何衡量他们的输入和输出的。对于那些更棘手的概念，比如社交距离、食用垃圾食品或适应力等，我们确实需要检查这些概念是如何被界定和利用的——特别是，确认偏误是否意味着存在一个更受欢迎的结果。

出乎意料

在数十年的不懈努力下，美国民主党于 2009 年 7 月重燃医疗改革之火。七位民主党议员发起了《HR3200 法案》，即《美国平价医疗法案》。法案主要内容包括：要求所有收入超过贫困线的公民购买私人保险，同时，政府将为低收入家庭提供补贴，从而确保所有美国人都能享受医疗服务。该法案后来演变为《平价医疗法案》，也被称为"奥巴马医改"，并于次年 3 月正式签署成为法律。

几乎没有人能预料到《HR3200 法案》第 1233 条会引发如此大的一场政治风暴，尽管这一条款在总共 1017 页的法案中只占据了 10 页的篇幅。该条款提出，应报销医生向医保患者提供有关临终关怀选择和"生前遗嘱"的咨询费。所谓"生前遗嘱"，是指人们在遗嘱中明确，如果以后失去行为能力，希望如何被对待。这一提议本身无伤大雅，因为咨询是自愿的；其核心意义在于，病人将有权每五年接受一次免费咨询，医生也会因此获得相应的咨询报酬。

反对者提出抗议，认为这将催生一个由官僚组成的"死亡小组"，这个小组将决定美国人，尤其是老年人和残疾儿童，是否有资格获得医疗保障，抑或是鼓励他们欣然接受死亡。前副总统候选人萨拉·佩林（Sarah Palin）在脸书上写道："在我所了解和笃信的关于美国的宣传中，我的父母或我患有唐氏综合征的孩子不用被迫站在奥巴马的'死亡小组'面前，任由那些官僚以他们主观的'社会生产力水平'的判断，来决定他们是否有资格获得医疗保障。"

这种恐惧迅速蔓延，听过这种说法的人中有30%选择了相信，20%不太确定。[14]但是第1233条没有任何内容涉及"死亡小组"，哪怕是隐晦的暗示都没有。如果有的话，揭露所谓"邪恶"的最好方法就是引用那些具有争议性的条款，但从来没有批评者这么做过。这种证据的缺失本应引起警觉，但这个无稽之谈却被天真地接受了。这不仅导致许多政治家和选民极力反对该法案——尽管它有很多好处，同时还转移了公众讨论的焦点，比如对于补贴保险成本等举措的合法性的担忧。美国政治事实核查网站PolitiFact将"死亡小组"评选为2009年的"年度谎言"。

迄今为止，我们已经了解了人们如何曲解结论、分析数据，以及陈述的背后是否存在任何数据甚至研究。"死亡小组"作为我们探讨的最后一个案例，揭示了为什么某些陈述不是事实：有些陈述完全可能是凭空杜撰的。它们只是被捏造出来的，没有任何实际依据——但如果这些陈述足够耸人听闻，人们通常会选择相信，而且不会要求提供任何证据。正如常言所说，"你无法编造这样的故事"，所以他们认为这一定是真的。

关于第1233条的某些陈述完全没有提及出处，甚至连模棱两可的提及都没有。参议员伯尼·桑德斯（Bernie Sanders）曾声称："华尔街的首席执行官帮着摧毁了经济，他们不但没有被警察带走，反而还加薪了。"他没有提供任何证据，人们也没有质疑——把公司毁了还能得到奖励似乎荒谬至极，所以这种说法一定是正确的。事实上，在贝尔斯登和雷曼兄弟破产时，两家公司的首席执行官都损失了近十亿美元。

当陈述没有提供来源时，我们之前提到的检查就更难进行了。[⊖] 面对这些情形我们该怎么做？我们能主动做的事情很少——如果没有给出信息源，我们就无从核实，但是我们可以选择被动回应，减少关注，特别是对那些极端说法的关注。尽管佩林和桑德斯的说法听起来很有说服力，但显然缺乏证据。

这些陈述永远不可能成为事实

本章的大部分内容都讨论了简单的是/否陈述，这些陈述很容易被证实或证伪。第1233条要么提出了"死亡小组"，要么没有；雷曼和贝尔斯登的CEO要么加薪了，要么没有加薪；生活工资要么会提高公司绩效，要么不会。提出一个主张需要有依据，比如第1233条中某句具体的陈述，或者披露高管薪酬，或者提供某个研究。

但我们日常听到的许多陈述都是一些普遍观点，不能一刀

⊖ 第1233条包含了10页密集的文本，对于不熟悉医学或法律的人来说，可能难以解读——不同于睡眠不足与运动损伤柱状图，后者是四页半文章中唯一的图表。

切为真或假；相反，它们的可信度参差不齐。比如"宗教极端主义是世界上最大的威胁""我们国家的教育系统是我们落后于邻国的原因""文化是推动公司成功的关键，文化可以把战略当早餐一样吃掉"。这些论断没有被任何科学研究证实或证伪。但这并不意味着我们要视而不见。如果我们的眼界局限于那些我们完全相信的事物，那么我们对世界的理解就会贫乏得多——正如我们在第八章将探讨的，你几乎永远不可能拥有百分之百确凿的证据。那么，我们应该对这些陈述投入多少信任？我们之前讨论过的三个原则在这里依然适用。

第一个原则是**核查该陈述是否符合双重偏误**。塔里克·范西（Tariq Fancy），黑石集团（BlackRock）前可持续投资主管，在 2021 年 3 月撰写了一篇评论文章，声称"金融服务业正在利用其环境友好、可持续的投资行为欺骗美国公众"。范西认为，可持续投资对保护地球毫无帮助——就像给癌症患者开小麦草处方一样，反倒允许公司打着行善的幌子推出"可持续"基金并收取高额费用。这篇文章很快被疯狂传播，范西也因此小有名气。他被誉为揭露可持续投资骗局的典范，开始在重要报纸上撰写专栏，并受邀在著名会议上发表主题演讲——颇为讽刺的是，他自己也收取了高额费用。

如果范西真的揭露了某个骗局，那么所有这些声名都是他应得的。但他到底说对了吗？你无法证明可持续投资对社会到底是好是坏——它既有积极的效应，也有消极的后果。理性的人对"本垒打"是否胜过"三振出局"可以有不同的看法。所以，让我们应用我们的第一个原则来分析。范西的言论利用了确认偏误，因为很多人急切地想要相信那些西装笔挺的基金经理都是骗子，他们会欺骗那些想用自己辛苦攒下的积蓄做好事的退休老人。范西还利用了非黑即白的思维方式，断言整个可持续发展行业都是一场骗局，尽管他只在黑石集团一家公司短暂工作过不到两年。这并不代表着他的说法是绝对错误的——有时候，我们所怀疑的事情的确是真的——但这确实表明，他的观点受欢迎不等同于它是准确的。

第二个原则是**检查该陈述的证据**。像范西的观点这样的普遍观点不能通过单一的研究来证实或证伪，但你仍然可以提供一些暗示性的证据。即使证据不能将某样东西颠倒黑白，也能让它显得更模糊或更苍白无力。

范西的文章篇幅很短，所以没有足够的空间来堆砌大量统计数据。随后，他在 Medium 平台上写了一篇长达 40 页的文章作为后续[15]，但文章中仍然没有任何证据，只有一些轶事。我在 Medium 上回复了他[16]，我承认范西的一些观点是正确的，但同时用数据反驳了他的另一些论点。《华尔街日报》随后邀请我们参加一场辩论，主题是"可持续投资真的有助于环境吗？"[17]。讨论以电子邮件的形式进行，《华尔街日报》随后整理发表了出来。这次交流是友好的。我们在某些问题上达成了共识，有的问题上各自持保留意见。然而，范西重申了他的观点："现在有证据表明，（可持续投资）可能是一帖巨大的社会安慰剂，它降低了我们遵循专家建议来应对气候危机的可能性。"我要求查看这些证据，从而决定是否要认可他的观点，或者回应他的观点，但他没有给出任何证据——在最后的文章中，他仍然坚持自己的观点，并声称有证据支持。

这条规则应该适用于任何辩论的正反方。可持续性的捍卫者同样很夸张，某位可持续发展研究的全球负责人给怀疑论者贴上了"一派胡言"的标签，某位牛津教授称他们为"恐怖分子"和"地平论者"[18]。他们被支持可持续发展的人追捧为英雄，但这只是因为他们的愤怒足够强烈，而不是他们的反驳多么有力。

如果不太合适提供证据怎么办？让我们假设杰克·韦尔奇所说的"股东价值是世界上最愚蠢的想法"确实是在某个语境下提出的，前面没有"从表面上看"。这是一个没有证据的普遍观点。韦尔奇也不可能拿出证据，因为他是在一次采访中说出这番话的，而不是在一篇 40 页的文章中。关键是要记住，这些说法仅仅是个人观点。"在杰克·韦尔奇的主观看法中，股东价值是世界上最愚蠢的想法"比"正如杰克·韦尔奇所说，股东价值是世界上最愚蠢的想法"描述得更准确。因为韦尔奇是一位经验丰富的前首席执行官，所以他的个人主观判断可能仍然有价值，但是这能确保我们注意到，这只是他的个人看法。

有些陈述使用了最高级形式，比如"世界上**最愚蠢**的想法"。在这些情形下，我们可以自问是否能想出一个明确的反例——这相当于进行"事实核查",以此得出可被证实的陈述。对于韦尔奇的这句话,即便是最反感股东价值的批评者也能想出一些比它更愚蠢的想法。与最高级形式相关的是一些通用陈述。风险投资家安吉拉·斯特兰奇(Angela Strange)打趣说:"每家公司未来都将转型为金融科技公司。"金融科技行业的从业者对此很买账。但是餐厅、主题公园和五金店不太可能成为金融科技公司。大卫·艾登堡爵士(Sir David Attenborough)警示我们,气候变化是"我们面临的最大威胁",这是一个使用了最高级形式的表述,但并非明显不正确。尽管我们可以想到其他威胁,比如流行病和核战争,但它们并没有明显比气候变化更为严重。

反例核查是管用的,因为最高级词汇会诱导人们采取非黑即白的思维方式。我们认识到,斯特兰奇并不是真的想说每家公司未来都会转型为金融科技公司,她只是在描述金融科技发展之迅速。然而,她选择了一种极端的陈述来表达,可能表明真实的依据是薄弱的。通过声称"股东价值是世界上最愚蠢的想法"而不是"股东价值并不总是最好的目标",韦尔奇能够吸引大量的关注,尽管他没有提供任何证据。

第三个原则是用**讨论**替代解释。这尤其适用于关于因果关系的陈述。我们来看看政治学家约翰·米尔斯海默(John Mearsheimer)的说法:北约东扩促使普京入侵乌克兰。[19] 没有数据可以证明或反驳这一指控。然而,我们可以立即审视自己是否存在偏见,并留意那些与我们的本能反应相悖的观点。如果你对北约持有怀疑，就会迫不及待地接受这个说法，但也许在普京这一决策的背后还存在其他因素。如果你是亲西方的，不妨问问自己，即便不是主要因素，但是北约是否也发挥了一点点影响？

这一原则在那些和我们切身利益相关的看法中特别有用，因为在那些情形中，我们的偏见是最强烈的。我们很自然地会认为"老板提拔安德里亚而不提拔我是因为他们是大学同学"，而其实是因为我们表现欠佳——我们只不过在自欺欺人、逃避现实罢了。

小结

- **陈述**可能**不准确，因此陈述并非事实**。人们经常使用一些研究和引用来支持他们的观点，但是：
  - 他们可能曲解了研究的结果。在陈述的末尾加上脚注并不意味着该脚注确实支持该陈述。
  - 引用可能断章取义，比如只引用句子的一部分，或者从图表上裁掉条形图的某一条。
- 即使研究的结论与当事人的陈述相符，它们仍然可能不支持这个陈述：
  - 结论曲解了研究结果（例如，在没有发现相关性的情况下声称存在关联）。
  - 结果与结论相符，但与数据不符：

- ■ 数据衡量的是不同的东西（用待在家里的时间来衡量社交距离）。

- ■ 数据遗漏了某个重要的部分（忽略了在家之外消费的垃圾食品）。

- ■ 数据是自我报告的（询问公司是否自认为是成功的）。

- ■ 循环论证（通过股价表现衡量弹性，并声称弹性提高财务表现）。

  ◎ 没有数据：作者假设了他们的结果。

  ◎ 没有研究：作者只是发布了一篇新闻稿。

- ● 要核查某个陈述，我们可以问以下问题：

  ◎ 有没有引用证据？

  ◎ 如果有，它是否真的存在？

  ◎ 如果是，作者的结论是否与陈述相符？

  ◎ 如果是，作者的分析（结果和数据）是否与结论相符？

- ● 有些陈述根本没有证据。相反，陈述的方式很极端，暗示观点是如此显而易见，所以不需要任何证据，以此来掩盖证据不足。

- ● 有些陈述既不能被证实，也不能被证伪。在这种情况下，我们应该问：

  ◎ 这是否符合双重偏误？

  ◎ 有证据吗？如果陈述中包含最高级形式的表述，我们能否给出明确的反例？

◎ 是否存在替代解释？

但仅仅核查事实是不够的。即使某个陈述、故事或统计数据是准确的，它仍然可能具有误导性。接下来的几章将解释其中的原因。

第四章　事实并非数据

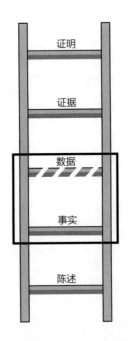

1955 年 2 月，史蒂夫·乔布斯（Steve Jobs）出生。他的妈妈乔安妮·席贝尔（Joanne Schieble）和爸爸阿卜杜法塔

赫·詹达利（Abdulfattah Jandali）是威斯康星大学的两名在读大学生。乔安妮成长于一个虔诚的天主教家庭，家人坚决反对她嫁给穆斯林男人。为了不让家庭因私生子丑闻蒙羞，乔安妮在父母的压力下悄然前往旧金山，秘密地生下了这个孩子。由于担心自己无法给孩子一个最好的人生开端，乔安妮忍痛将孩子送养。

史蒂夫的养父保罗·乔布斯（Paul Jobs）是一名汽车修理工，养母克拉拉（Clara）是会计。1961 年，他们举家搬迁到加州山景城，这个地区后来被誉为"硅谷"。这些卑微的出身条件为史蒂夫后来的成功埋下了种子。他童年在山景城的家是由约瑟夫·艾希勒（Joseph Eichler）设计的。艾希勒以其极简、优雅的设计理念著称——开放式布局和玻璃墙，他成功地在加州建造了 11000 多套住房。史蒂夫从小就沉浸在这种可以大规模生产的现代风格的住宅中。

他的成长中也浸润着人文关怀。养父保罗不仅将他的专业技能应用于家中各种 DIY 项目，还鼓励儿子史蒂夫参与其中，这样他就可以把他的手艺——注重外观和完美——传承下去。史蒂夫在日后回忆道："他喜欢把事情做到最好。他甚至在意那些不为人所见的部分的美感……为了让你睡个好觉，审美和品质都必须贯穿始终。"[1] 保罗坚决不用廉价木材做橱柜的背板，并确保背面和正面一样考究和精致。

史蒂夫自幼深谙设计的重要性，而设计后来也成为苹果的特色。成千上万的公司都渴望成为电子产品领域的领头羊，但它们关注的焦点往往局限于产品的功能、实用性和可靠性。对史蒂夫来说，这就好比打造一面橱柜的时候，只注重橱柜的最大承重量，但忽略了橱柜的美感，以及它的存在是否能把一座房子变成一个温馨的家。

史蒂夫对于苹果产品是**如何**制造出来的充满热情。这涉及两个要素：品质和简洁。苹果的产品从构思到成品都是精心打磨的，包括一些用户看不见的细节。苹果的工程师们专注于确保苹果计算机的电路板完美运行，但史蒂夫对机器的外观有着同样的执着："我希望它是完美的。尽可能地美，即使它被藏在机箱里。伟大的木匠是不会用劣质木材做橱柜背板的，即使这部分没有人会看到。"他着迷于剔除那些看似不可或缺的复杂特性。任何一位骄傲的黑莓用户都会告诉你键盘有多重要。但是 iPhone 用一块宽大的屏幕把键盘替代了。

这种追求不仅适用于苹果**如何**对待产品，也同样适用于史蒂夫的生活哲学。被亲生父母遗弃的感觉让他总想着证明自己，年仅 21 岁的时候，乔布斯就创立了苹果公司。这种决心，加上对设计的沉迷，使得史蒂夫不仅重视工艺，更追求完美。这种要求也延伸到他面对挫折的态度。1985 年，尽管苹果公司取得了成功，但是史蒂夫却被董事会解雇了。他并没有气馁，而是重整旗鼓，与人共同创立了皮克斯动画工作室。正是皮克斯，而不是苹果，让他赚到了人生的第一个 10 亿美元。1997 年，苹果陷入困境，史蒂夫回归，担任 CEO。随后，苹果相继推出了 iMac、iPod、iPhone 和 iPad——这些都是无可争议的成功之作。2018 年 8 月，苹果公司成为历史上第一家市值突破 1 万亿美元的公司。（2022 年 1 月，苹果市值突破了 3 万亿美元。）

尽管"**如何做**"是苹果成功的关键，但让它成为可能的是"**做什么**"。几个世纪以来，专家们一直坚信实验是创新的关键。大多数创新都以失败告终，所以需要大量的尝试才可能找到一个有效的方案。但史蒂夫对此并不认同。1997 年，乔布斯回到苹果，当时公司正忙着生产十几个不同版本的麦金塔电脑。他只保留了四个版本，并取缔了其他所有版本，这一决策让团队非常震惊。史蒂夫画了一个简单的象限来定义苹果的未来：纵轴代表"消费者"和"专业人士"，横轴代表"台式"和"便携式"。

这一决策是苹果扭亏为盈的关键所在。用史蒂夫的话说："决定不做什么和决定做什么同样重要。这对公司来说是正确的，对产品也是正确的。""**做什么**"为"**如何做**"铺平了道路。只专注于四款产品，让苹果得以在设计上追求极致的完美。

苹果的成功与"**做什么**"或"**如何做**"无关，真正重要的是"**为什么**"这个初心。

黄金圈法则强调公司**做什么**只是其最肤浅的层面。更深层的是它**如何**制造产品或提供服务。但黄金圈的核心——"**为什么**"的初心是一切公司成功的核心。

顾客不是为你**做什么**，甚至不是为你**如何做**而买单。他们为你**为什么**这么做买单。最新款 iPhone 发布的前夜，顾客们排起了长队，不是因为 iPhone 时髦的功能或漂亮的设计，而是因为他们与苹果生产 iPhone 的初心产生了共鸣。苹果的**初心**是"我们做的每一件事情，都是为了挑战现状。我们坚信应该以不同的方式去思考"。这一理念触动了顾客的内心和思维，他们厌倦了平庸，厌倦了只是拥有和别人一样的东西，鼓舞他们的是那份独一无二的潜力。

这个黄金圈不仅仅是一个前广告人的主观构想，它背后是坚实的生物学依据。人脑分为三个部分，与黄金圈的三个层次一一对应。最外层是新皮层，它负责处理**"是什么"**的问题——这是基于理性和分析的思维方式。至关重要的是，新皮层是人类独有的，在生物进化史上出现最晚，所以它在我们的行为决策中起不到什么作用。实际上，我们的思想、言语、行为，包括那些至关重要的购买决定，都是由大脑深处的中心区域所驱动的。这个中心区域早在几百万年前就存在于我们祖先的大脑中，它是我们本能的根源。

这个中心区域被称为边缘系统。它与**"如何"**和**"为什么"**相对应，并由情感驱动。作为大脑的核心，它掌管着人类所有的行为和决策——重要的是，这一点对所有人都适用。有些产品在美国大获成功，但在海外却无人问津。在欧洲大受欢迎的歌曲、书籍和电影在北美却遭遇滑铁卢。苹果之所以在全世界取得成功，在于它成功地连接了**所有人**的边缘系统——无论是年轻人还是老年人，男性还是女性，黑人还是白人。这一切都始于那个**为什么**。

你刚读到的就是对于苹果成功的两个最著名的解释。第一个版本来自沃尔特·艾萨克森（Walter Isaacson）所著的《史蒂夫·乔布斯传》，这本书的销量达到了数百万册。第二个来自西蒙·斯涅克的演讲"伟大的领导者如何激励行动"，这是有史以来第三热门的 TED 演讲，点击量超过 6000 万次，也是他的著作《超级激励者》的基础。然而，这两种说法在本质上是截然不同的。

但正是这些相似之处帮助我们理解了两种截然不同的解释是如何在苹果的传说中扎根的。[○]两种解释都采用了非黑即白的思维方式。领养可能既存在负面影响，也会有积极影响；而基于"为什么"而非商业计划来创办一家公司，可能看起来像在流沙上搭一座城堡。然而，如果我们倾向于断言某件事是绝对的好或绝对的坏，就会轻易接受这种解释，而忽略了事物可能存在的适度或均衡的可能性。

这两种解释也容易引发确认偏误。人们往往同情弱者，所以会支持被收养的孩子。我们愿意相信这是通向成功的关键，因为那是一种力量。也许苹果公司的财富来源于某个灵光乍现的创意瞬间，或者四通八达的人脉网络——许多公司都不具备这些条件，所以声称这些因素是成功的关键的书籍都不太可能

○ 可能每个理论都提供了部分解释，所以它们并非不一致。但不一致之处在于，两位作者都暗示他们已经解释了苹果成功的所有原因，并没有承认存在竞争理论的可能性。

成为畅销书。但是，几乎任何人都可以想出一个"为什么"，只要他们想得足够多，召开尽可能多的头脑风暴会议，或者聘请的顾问足够贵。如果你相信斯涅克的理念，那么你就掌握了主动权。

第三个相似点在于，两位作者的故事都令人信服。听完这些故事，人们会觉得苹果的成功是合乎情理的——甚至是命中注定的，无论是公司创立的**初心**还是公司 CEO 的童年背景。为了获得这个效果，他们回溯了苹果公司的成功历程，进行了生动的描绘，令人兴奋又引人入胜。若需佐证，作者可以随意杜撰故事情节，然后挑选一些事实来支撑他们的观点，同时刻意忽略那些与他们的叙事相悖的事实。这两种做法都忽略了可能存在的其他解释，这就是为什么备受推崇的两个说法甚至无法相互认同的原因。

我们已经认识到双重偏误是如何误导我们的，但为什么事后合理化的行为会是个问题呢？在事情发生之后再去编造一个解释，真的如此不堪吗？就连乔布斯本人也不这么认为。在 2005 年斯坦福大学一场著名的毕业演讲中，乔布斯解释道："当你向前展望的时候，你无法连接起那些点点滴滴；只有在回首往事时，才会把它们连接起来。"当所有的事实都摊在眼前，我们难道不应该利用"后见之明"的优势——在试图将这些点连接起来之前，先看到所有的点吗？为什么我们要为忽略与故事主线不符的细节而困扰呢？作家、记者甚至学术研究者的长处不就在于从杂乱中梳理出清晰：滤除干扰，专注于核心信息吗?

为了理解这种流行方法的问题所在,我们需要讨论一下21 世纪初最具影响力的金融研究流派之一。

了解全貌

企业家雷耶斯把事情描述得如此简单。他在 YouTube 上发布了一系列视频:"我是如何在股市投资中赚到 4000 美元利润的""我在股市投资 24 小时赚了多少钱"(答案:一天 3.311%的收益率),以及"一个日内操盘手一天能赚多少钱"。他热情洋溢地强调并解释在股市赚钱易如反掌。有了如此宏大的承诺,他的视频点击量超过 4000 万也就不足为奇了。雷耶斯并非个例。如果你在 YouTube、谷歌或亚马逊上搜索"如何在股市赚钱",会发现大量的视频、文章和书籍都在暗示,炒股就像玩儿童三角拼图一样简单。只要参与其中,你就会赢。

每个人身边都会有几个"那种朋友",他们会进行类似的炫耀和自夸。我们就将其中一位称为迪特里希吧!他吹嘘自己如何在加密货币上大赚一笔,在外汇市场发了一笔财,或者在股市里赚了一把。你对这些炫耀持怀疑态度。问题不在于你看到的事实——如果迪特里希说他去年的投资回报率高达 76%,你会相信他的话——问题在于你没有看到的那些事实。你怀疑另外三个朋友——马里柯、安雅和克洛伊也在尝试日内交易。但是他们从来没有提过自己做得怎么样,可能是因为他们亏了。因为只有迪特里希在吹嘘他的投资回报，所以你的样本是一个筛选后的**选定样本**。这说明了为什么**事实不是数据**：它可能不具有**代表性**。即使迪特里希声称的那些收益是真的，它们也没有意义，因为它们并没有告诉你通常而言日内操盘手成功的概率有多大。

在你准备冒险踏足业余投资之前，首先会想了解**所有朋友**的盈亏情况。但你不能强迫别人公开自己的投资记录，[2]即使一位教授以科学研究之名招募志愿者，可能也只有那些发了财的人才会站出来。你得有相当大的勇气和坚持，才能得到你需要的数据。

这需要异常勇敢。特里·奥丁（Terry Odean）的金融学教授之路非同寻常。14 岁时，他进入本笃会修道院，开始了修行生涯，三年后，他选择了离开，转而攻读创意写作的学位。后来他又放弃了，投身于各种杂活儿，包括在纽约街头开出租车。37 岁时，他重返加州大学伯克利分校继续读本科。特里意识到自己很有学术天赋，继续攻读金融博士学位。他的博士论文想讨论的主题是"人们的投资回报是否像他们对外声称的那么好"——为此他需要数据。最理想的数据无疑是券商的交易记录，因为它们包含了每个客户的交易记录，涵盖了盈利与亏损。但这些数据非常机密，大多数人都不敢向券商索取。这就像恳求一家医院公开所有患者的病历一样。

但特里不是"大多数人"。他胸怀使命。于是，他想尽办法抓住一切机会——无论是网球比赛、派对还是偶然的会面——他都会恳请那些与经纪行业有或多或少联系的人给他提供数据。很幸运，终于，一家大型经纪公司给他提供了一个包含 78000 个账户的数据库，当然，客户姓名已被匿名处理。重要的是，这些账户是由经纪公司随机选择的，所以特里得到的是具有**代表性**的**样本**，而不是经过筛选的样本。

特里凭借这套数据撰写了很多颇具开创性的论文，大部分是与加州大学戴维斯分校的布拉德·巴伯（Brad Barber）合作的。他们展开了一项很有影响力的研究，计算频繁交易者的盈利情况。[一]重要的是，他们研究了样本中**所有**的频繁交易者，不管他们是否赚了大钱。他们只是挑选出每一个过度活跃的投资者，而没有根据他们的成功水平进行预先筛选，进而计算了整个群体的平均回报率。回想一下，企业家雷耶斯声称自己一天的回报率为 3.311%。如果他在一年中的 253 个交易日中每天都能保持这样的收益，那么累计起来就是惊人的 379286%。[二]布拉德和特里所观察的那群典型的活跃投资者的表现与预期结果还差得远呢。日内交易者每年的平均收益仅达到微不足道的11.4%。[3]

379286% 和 11.4% 之间的差距是巨大的。然而，这一结论似乎并不令人信服。没有一个日内交易者真的期望能赚到379286% 的收益。他们主要的目标是获得正收益，即赚到的比亏损的多，每年 11.4% 的回报率仍远高于零。如果按照这

[一] 他们将交易频率位于前 20% 的人群定义为"频繁"交易者。

[二] 计算结果是 1.03311。

个平均回报率投资 10 年，算不上最好，也不算差，总回报率将达到 194%——你的资金将会翻两倍。所以在特里全力以赴，鼓起勇气提出了数百次大胆的请求，并被一次又一次拒绝后，最终的结果是一样的：频繁交易可以赚钱。虽然你赚不到 379286% 的利润，但你仍然可能获得可观的收益。

但这里有个关键的转折。要了解全貌，你需要计算**两个数据**：一个是活跃的投资者的平均利润，另一个是：如果**不频繁交易，你能赚多少**？假设你不会绞尽脑汁挑选股票，而是简单地投资于股市：你让你的投资组合保持稳定，而不是一有风吹草动就买进卖出，结果又会怎样呢？如果采取了不同的行动会发生什么？这是另一种选择，也被称为**反事实**。

布拉德和特里发现，对于买入并长期持有的投资者来说，仅仅是买入而不做任何交易，每年将获得 17.9% 的收益。频繁交易带来的 11.4% 的回报率不应与零回报率相比，而应与 17.9% 的回报率相比。这一发现与雷耶斯和迪特里希得出的结论大相径庭，发人深省。业余投资者在交易中投入的大量时间和精力，实际上损害了他们的长期财务健康。

这一发现的影响是深远的。我们可能会认为自由和个人选择是好的，因为大家都知道什么对他们最有利，不应该被政府指手画脚。但是，如果完全听任自己决定，人们可能会采取对自己不利的举动。在这种情况下，政策制定者可能会设计一些助推措施，鼓励公众投资多元化的基金而不是个别股票。当然，你不可能一年实现 379286% 的回报——你不会很快暴富，但你最终会致富。

现在让我们重点剖析一下布拉德和特里所遵循的每一步，从而形成一份通用指南，我们可以将这份指南应用于任何需要使用数据探索的问题，比如苹果公司为什么会成功。第一步是以**假设**的形式来陈述你的问题，即**输入**如何影响**输出**。对布拉德和特里来说，就是"频繁交易影响收益"。[一]

然后，你需要检验这个假设。为此，理想情况下，你希望获得每一个热衷于频繁交易的投资者的完整交易记录。但这是不可能的，所以第二步是收集**样本**。关键在于，这个样本要具有**代表性**，而不是**选定样本**——它应当是多样化的交易组合，而不是基于某些预设标准预先筛选，比如他们是否自愿分享他们的记录，或者是否有五年以上的账户（这两种情况都会使样本偏向更成功的投资者）。这就好比你垂直切开蛋糕来取样，这样你的切块蛋糕就包含了糖霜、海绵、夹心和蛋糕胚，而不是水平切开只取糖霜的部分。这种广泛搜集活跃股民数据的做

[一] 从定义上来说，统计检验是针对零假设的，即"不存在任何关系"。比如，"频繁交易对收益没有影响"。"频繁交易影响收益"则被称为**备择假设**。检验将零假设与备择假设对立起来。在本书中，当我们使用"假设"这个词时，它指的是备择假设，因为大多数时候我们推测存在某种关系。此外，本书还使用"备择假设"来指代其他事物——即使存在某种关系，也可能有多个可能的解释，而"备择假设"是你所选择的解释的一个竞争理论。这是实践中这个词的常见用法。

法被称为**测试样本**——你在测试它是否表现更好。[⊖]

第三步同样重要——找一个没有输入操作的**对照组样本**。活跃投资者的高回报可能并非由于输入（频繁交易）造成，而仅仅是因为市场反弹了。所以你需要弄清楚，那些根本没有进行交易，而是买入并长期持有股票的投资者的收益情况。第四步是计算两个样本的平均**输出**，收益率分别是 11.4% 和 17.9%。

你很容易就此断定，频繁交易会降低回报率，但在这之前还有最后一步。即使频繁的交易对利润没有影响，它仍然可能由于运气不好而表现不佳。事实上，它有 50% 的概率会表现不佳，就像掷硬币，没有偏倚的均匀硬币在一次投掷中可能正面朝上，也可能背面朝上。所以你不能只看那些频繁交易的股东们到底有没有跑赢大盘，还需要考虑另外两个因素。第一个是表现不佳的具体程度。重要的不是 11.4% 低于 17.9%，而是比 17.9% 低了 6.5 个百分点。第二个是**样本量**——布拉德和特里研究了多少频繁交易者，研究了多长时间。像雷耶斯这样的赌徒可能某一天走运，但研究人员分析了 13293 名活跃投资者，并且进行了长达六年的跟踪调研。

我们需要计算 13293 名投资者在六年的时间里仅因偶然就出现高达 6.5% 这么大差距的可能性有多大——即使交易频率并不影响收益。如果这个概率很小，那么这个结果就不太可

⊖ 更专业的术语是"处理样本"，因为它已经受到了我们感兴趣的输入的"处理"——在这个例子中，就是进行频繁交易。

能是偶然的产物，从而支持你的假设。比方说，布拉德和特里对数据进行了分析，发现这种可能性是 0.1%。[⊖]一个差异的可能性得有多小，你才会将其解释为支持你的假设呢？这有点主观，但通常的惯例是设定一个 5% 的阈值，也就是所谓的 5% **显著性水平**。由于 0.1% 远低于 5%，因此布拉德和特里的结果具有**统计学意义**，使他们能够得出频繁交易影响收益的结论。

显然，数据的规模和样本的大小都很重要，因此计算统计显著性的必要性不言而喻。如果我告诉你，一枚硬币正面落地的概率超过 50%，你不会立即断定硬币被做了手脚：你会更想知道它比 50% 高出多少，以及这种情况持续了多长时间。如果 5 次投掷中有 3 次正面朝上（略高于 2.5 次）并不奇怪，但50 次中有 40 次正面朝上就很惊人了。

你只需要扫一眼领英动态、Instagram 故事或报纸的每日摘要，就会被诸如"做 X 的人更成功"、"拥有 Y 的公司更赚钱"和"拥有 Z 的国家更幸福"之类的标题淹没。这些标题都没有提到超出平均水平多少，持续了多长时间，或者研究了多少人、多少个公司或国家——但我们欣然接受。即使 X、Y 和Z 完全无关紧要，它们仍然有一半的可能与成功相关联。

⊖ 布拉德和特里的论文实际上并没有计算 17.9% 和 11.4% 之间的统计显著性差异。这是因为他们没有从这个差异中得出或发表任何推论，因为它并没有涉及备择解释——这是第 6 章的主题。他们进行了其他分析来探讨备择解释，然后对这些结果进行了正式的差异显著性检验。

尽管统计显著性是一个强有力的工具，但请注意，它永远无法**证实**一个假设，所以我们应该对诸如"确凿的证据"或"证明"之类的说法持怀疑态度。统计显著性仅仅表明这个结果不太可能是偶然发生的，但也不代表绝不可能。1993 年 8 月 18 日，在著名的蒙特卡洛赌场，轮盘赌的赌桌上，小球竟然连续 26 次落入了黑色格子，尽管这一事件的概率接近 6660 万分之一。[⊖] 即使是这种极不可能的连续事件也不代表轮盘存在偏差——它可能完全公平，只是那位赌徒运气太好了。或者是你太不走运了，这取决于你押注给谁。

提出一个假设，收集具有代表性的测试和对照组样本，测试统计显著性，然后才得出结论——这一整套流程才是**科学**的**方法**。但艾萨克森采用了一种截然不同的方法。他没有从假设出发，而是直接得出结论。他指出乔布斯成功背后的一些因素，比如他的养父母，他所接受的教养和专注力训练。

尽管艾萨克森的讨论仅限于乔布斯，但其他人也指出，亚马逊的杰夫·贝佐斯（Jeff Bezos）⁴ 和甲骨文的拉里·埃里森（Larry Ellison）都有被收养的背景，并由此推断出收养必然是成功的驱动力。这样的结论的确是基于事实的。乔布斯、贝佐斯和埃里森的确都是被收养的，他们也的确取得了成功。然而，这些事实本身并无意义，因为**事实并不是数据**。

你不能只挑选那些曾被收养的成功 CEO 作为样本，就像

⊖ 连续 26 次出现红或黑的概率是（18/37）²⁶⁻¹。

你不能只关注那些经常吹嘘自己盈利的频繁交易者一样。你需要几十位，最好是几百位具有代表性的样本，其中既有经历过收养的成功的 CEO 们，也有失败的，然后计算他们的平均成功率。[⊖] 即使大多数被收养的 CEO 都成功了，那也可能是由于整个经济环境处于上升态势，而不是被收养本身起了作用。因此，你还需要没有被收养过的 CEO 群体作为对照样本，计算他们的平均成功率，从而得出反事实的对比。然后，比较这两组数据，并检验其统计显著性。

科学方法要求全面收集**所有**的数据。你需要一个包含大量 CEO 的数据库，而不预先筛选他们的成功与否或是否有过被收养的背景。这个数据库需要包括那些被收养过的失败的 CEO，以及那些没被收养过的成功的 CEO，而不仅仅是挑选那些符合你预设的、被收养过且取得了成功的案例。

如果只是把它们当作故事来讲述，那么讲一些引人入胜的故事并没有什么问题。你甚至可以推测是什么因素促成了乔布斯的成功，只要你清楚这只是猜测。作为一本专注于乔布斯的传记，艾萨克森的书生趣盎然，很吸引人，它受欢迎是理所应当的。

⊖ 请注意，即使是一个代表性的样本也无法证明乔布斯被收养的经历直接导致了他的成功。正如我们在第八章中将强调的，证据不是证明——它只能表明一种大体上的关系，这种关系可能并不在所有情况下都成立。即使被收养过的 CEO 们平均表现优于没有被收养过的 CEO 们，这也并不意味着在乔布斯的个案中，被收养的经历有助于他取得成功。

当你把个别案例误认为普遍真理时，问题便随之而来。艾萨克森在《哈佛商业评论》上发表了一篇题为《史蒂夫·乔布斯真正的领导经验》的文章，文章结尾写道："在乔布斯去世六个月后，这本畅销传记的作者揭示了每个 CEO 都可以尝试效仿的策略。"[5]《哈佛商业评论》的编辑更是向读者夸下海口："是的，你也可以像史蒂夫·乔布斯一样。"你无法改变自己是否曾被收养的事实，所以艾萨克森转而颂扬乔布斯的经营管理原则，比如他的专注和简洁，宣称这些原则是所有老板都应该遵循的。但艾萨克森没有证据证明这些原则是有效的。除了乔布斯外，他没有对其他 CEO 进行研究，也没有对那些通过不同途径到达职业顶峰的大量高管进行广泛调查。

同样的问题也出现在我们之前的案例中。我们明白了贝尔·吉布森的故事是虚构的，并强调了核查事实的重要性。然而，仅仅核查事实是不够的。即使贝尔确实通过改变饮食战胜了癌症，这仍然不能证明饮食是一种有效的治疗方法。你需要研究所有尝试过饮食治疗的癌症患者，看看他们中有多少人成功了 ⊖——但你永远不会听到饮食治疗失败的案例，所以你的样本是被筛选过的。

贝尔的故事最大的问题不在于它是假的，而在于它是个例。可能还有成千上万的故事说健康的饮食不管用，但那些故事都太普通了，所以从未曝光。只有那些异常的案例才会成为

⊖ 然后你需要对那些选择化疗和放疗的人做同样的分析。

新闻。

在《刻意练习》这本书中，安德斯·艾利克森承认他的样本是经过挑选的。他研究的是那些柏林精英音乐学院已经录取了的学生，并发现许多学生已经练习了1万个小时。他并没有证明练习1万个小时就一定能考上音乐学院。"为了证明这样的结果，我需要随机挑选一群人，让他们进行1万个小时的刻意练习，然后看看他们的结果如何。"可能还有成百上千个希望考上音乐学院的人，他们投入了1万个小时，但最终没有被录取。

格拉德威尔在《异类》中写道，艾利克森的研究中最引人注目的一点是，他和同事们找不到任何"徒劳者"，就是那些比其他人付出了更多努力却无法跻身顶尖行列的人。但那是因为那些"徒劳者"没有考上音乐学院——所以他们一开始就不会出现在艾利克森的研究样本中。在《财富》杂志的采访中，格拉德威尔解释道："这本书的前提是，你可以通过观察成功人士来学到更多关于成功的知识。"但是这个前提就错了：除了研究成功，你也需要研究失败。

叙事谬误

提出假设并在得出结论之前进行验证的想法似乎是常识——我们都听说过"无罪推定"和"不要急于下定论"这样的话。然而，当我们听到引人入胜的故事时，这些科学方法的基本原则就被抛到脑后了。

　　艾萨克森、斯涅克和格拉德威尔的书中都潜藏着一个主题公式，这个公式是经过反复试验和验证得出的，也是这些畅销书成功的关键。大多数畅销书都会提出一个核心论点，尽可能让读者铭记于心，然后作者会寻找尽可能多的例子来阐述这个论点。作者只挑选那些符合他们叙事框架的选定样本，所以即使书中所列举的所有事实都是正确的，得出的结论也未必可靠。比尔·乔伊、莫扎特和披头士之间有许多共同点，而不仅仅是 1 万小时的练习。为了准确分析这些共同因素和他们的成功之间的关系，我们需要研究那些缺乏这些共同特征的人的表现，就像在沃森的研究中需要测试的是不连续偶数的序列，例如 4-12-26。否则，我们就不能将他们的成功仅仅归因于长年累月的练习，这就和他们都长了两条腿一样，不能作为他们成功的决定性因素。

　　这一现象不仅限于书籍。商学院的案例研究往往会选取某家取得巨大成功或遭遇彻底失败的公司，并对其成败进行回溯分析，但从未检验具有相同特征的其他公司是否会有相似的结果。因此，我们靠的是讲故事来培养未来的行业领袖，而非科学方法。如果商业大咖的书籍、专栏或案例研究是基于某个或某几个故事，那么它的可靠性并不会高于业余人士在 YouTube 上发布的视频。

　　在商业领域之外，以诸如"我是如何在六个月内暴瘦的"、"我如何把孩子送入牛津大学"以及"每天早上五点起床如何改变我的生活"等为主题的文章基本从未考虑过代表性样本，而只考虑了作者的个人轶事——更不用说设置对照组了。我们热衷于汲取成功的经验，但除非你同时研究了那些拥有所谓的成功秘诀却依然失败的人，以及那些没有秘诀却最终成功的人，否则你永远无法确定究竟是什么真正带来了成功。"对我有效"并不意味着"对你也有效"，因为事实并不等同于数据。

这些故事如此引人入胜，是因为它们利用了**"叙事谬误"**——当我们看到两件事情相继发生，就倾向于认为其中一个事件导致了另一个事件，即使实际上可能存在不同的原因，或者纯粹出于偶然。数学家纳西姆·尼古拉斯·塔勒布（Nassim Nicholas Taleb）将这种现象解释为"有限的观察能力导致我们在审视一系列事实时，总是不由自主地构建一个解释，或者在事实之间强加一个逻辑链条，一条因果关系的箭头"。我们了解到乔布斯的父亲是位工匠，所以愿意相信这也是苹果产品设计精湛的原因。或者，我们听说苹果的**初心**是颠覆传统，所以会认为这一定是数百万消费者争相购买苹果产品的动因。

叙事谬误不仅加深了双重偏误，而且它在两个方向上都发挥了作用。如果你希望让人们相信某个夺人眼球或耸人听闻的事情，但又缺乏数据支撑，那就只能选择讲述一个戏剧化的故事；如果你想让你的故事广泛传播，那就要确保它足够吸引人，或者足够极端。后者很容易，因为如果你有一个事实需要解释，你可以回溯并构建出无数个与事实相符的故事，然后选择最能迎合大众偏见的故事——这就像在图表上有一个点，你可以根据需要向任何方向画出一条最佳拟合线。这种灵活性就是我们为什么可以对苹果的成功做出两种截然不同的解释的原因。

"叙事谬误"是如此强大，以至于它能让我们相信任何故事，即使它是虚构的。乔布斯本人就亲自揭穿了"被收养的经历促使他成功"的流言："有些人认为，因为我被遗弃了，所以我拼命地工作，这样我就能做得很好，我的亲生父母就会愿意来带我回家，或者其他类似的胡说八道，但这都是无稽之谈……我从未有过被遗弃的感觉。"$^{\ominus}$

关于"为什么"的初心理论同样缺乏证据支持。苹果公司从未正式声明"我们做的每一件事，都是因为我们试图挑战现状"，或者任何类似的话。然而，在谷歌上有 47000 篇文章引用了这句话。它们都没有去核实，仅仅是因为它听起来足够振奋人心。另外，所谓的生物学观点同样是不准确的。新皮层并非人类独有，许多其他哺乳动物也拥有这一结构。斯涅克在 TED 演讲中声称边缘系统"负责人类所有的行为和决策"，但在如今这瞬息万变的世界，这样的绝对化陈述是不正确的。比如，你可能会因为泰晤士河边糖炒花生的香味花费两英镑，即

$\ominus$ 这句话引自艾萨克森的书，但作者很快就忘记了乔布斯自己说
　　过他从未感到被遗弃。接下来的章节描述了史蒂夫的养父母是
　　如何照顾他的，并得出结论："因此他不仅在成长过程中有一种
　　曾被遗弃的感觉，还有一种与众不同的感觉。"

使你的新皮层警告你它们的脂肪和糖含量很高。但是购买价值1000 英镑的 iPhone 的决定不太可能仅仅是一时冲动，更可能是因为其功能、用户评价以及朋友推荐。

科学研究已经展示了人类如何为随机事件编造解释。组织心理学家巴里·斯托（Barry Staw）曾将学生分成几个小组 [6]，向每个小组提供了同一家公司的财务数据，并要求他们估算该公司的未来销售和利润。在收集了预测结果后，他告诉其中一些小组他们的预测是准确的，而其他小组的预测则相差甚远。然后斯托要求每个团队评论一下自己小组的活力。绩效优秀的小组表示他们的团队沟通良好、凝聚力强、积极性高、心态开放、勇于变革；而绩效不佳的小组则报告了相反的情况。

现在，这听起来并不令人惊讶——更好的团队活力会带来更好的绩效。但实际上，这些团队的绩效并没有什么不同。巴里所提供的数据来自一家虚构的公司，并随机告诉他们公司成功与否。团队活力和公司绩效之间没有任何联系。但是在听到他们的结果后，这些团队逆向编造了故事来进行解释。如果一个团队成功了，他们可能会说："我们允许自由表达，充分采纳不同的观点。"在被告知失败时，具有相同文化的同一个团队会回忆说："我们人员太多了，分歧难免也多；我们本应该努力达成共识。"你总能编造一个故事来解释成功——而且，人们的确就是这么做的。

从一张白纸开始

我是在英国的教育体系中长大的，我和我的同学们很早就面临了专业选择的压力。美国的医学专业是研究生才有资格选择的，而在英国，大多数渴望成为医生的学生会将医学作为他们的本科首选。要想进入医学院，就必须学习 A 类化学课程。在 16 岁的时候，我们就不得不做出选择，这样的决定可能会影响我们未来的一生。

学校为我们安排了一次详尽漫长的心理测试，帮助我们找出可能最合适的职业。我们如同棋艺高超的棋手，能够预见到未来十步的走势。一旦我们锁定了梦想中的职业，便会确定在大学所需攻读的学位，并最终挑选出那些 A 类的科目，那是我们通往心仪大学的敲门砖。

当时，这似乎是个绝妙的主意。16 岁的花样年华，我们天真又鲁莽，自以为能够为未来几十年做好规划。我们满怀热情地参加了测试，急切地想知道结果预示着什么。但是有许多问题都让我们感到失望。其中一项任务是让我们尽可能快地画出一个正常的"S"形状，接着是一个反向的"S"，然后又是一个正常的"S"，如此循环。当我们拿到测试结果时，发现这个练习竟然是为了评估我们的"灵活性"。这听起来更像是心理学上的胡言乱语——竟然要根据我们切换"S"形状的速度来做出可能改变一生的决定，这简直荒谬至极。至少对于我来说，这个测试的预测太糟糕了。它给我建议了 10 个职业，没有一项是"教授"，甚至都没有相关选项，比如"教师""作者""研究员"。鉴于我的确认偏误，我得出的结论是，测试一定是错的，而不是我误入了一个我不适合的职业。

失望之余，我和朋友们决定自己掌握命运。我们认为有更好的方式来决定我们的未来：那就是效仿成功人士。我们知道只读一本传记是不够的，所以我们转而研究了《星期日泰晤士报》的富豪榜，这份榜单列出了英国最富有的 100 个人。年少无知的我们将财富视为成功的唯一标准。我们深入研究他们是如何积累财富的，特别关注了他们通往财富之路的每一步。许多人通过自主创业淘金，但我们更感兴趣的是他们最初的职业，正是这些职业培养了他们的创业技能。（你们可能已经猜到了，这 100 位大亨中没有一位曾经是清贫的教授。）我们发掘了他们最初都是带着哪些学位踏入职场的。

乍一看，我们在艾萨克森和斯涅克的基础上做了两点改进。我们拥有 100 个数据点，而不仅仅是一两个案例。如果叙事谬误的问题在于其基于单一故事，那么通过研究 100 个故事，我们难道不能解决这个问题吗？如果单一数据点允许你在任何方向上画出最佳拟合线，那么收集 100 个数据点无疑会消除这种随意性。我们并没有预设哪些因素驱动了他们的成功，而是从一张白纸开始去研究。我们并没有挑选一个英雄人物，确定我们认为他是如何登上人生巅峰的，然后带有偏见地寻找其他 99 位走同样路线的领先者。相反，我们完全开放——没有先入之见，让数据说话。

　　然而，这一切都无关紧要，因为我们的样本仍然是被筛选后的**选定样本**：我们的数据集只包含那些最终变得极其富有的人。即使我们发现了一个共同点，我们也必须将其转化为一个假设，例如"学习生物、化学会走向成功"。但我们无法验证这个假设，因为我们缺少成千上万过着普通生活的生物或化学专业毕业生的数据。⊖ 如果所有的数据点都是成功人士，那么100个数据点也无济于事。

　　当然，那时的我们尚不成熟。由于我目前的工作重点是目标而非财务动机的重要性，我现在对自己最初选择职业的方式感到惭愧。我们会辩解，这不仅仅是我们的问题。许多专家都声称他们的观点是基于研究，而不仅仅是案例和轶事之上的，他们将研究等同于收集大量数据。这些大师中不乏百万册畅销书的作者。

　　吉姆·柯林斯（Jim Collins）和杰里·波勒斯（Jerry Porras）所著的《基业长青》（*Built to Last*）一书中提出了九大原则，这些原则似乎能使公司持久盈利。第1章以超过十页的篇幅向读者夸夸其谈他们收集了多少信息，以此说服读者相信他们的原则。他们自豪地宣称："我们参考了近100本书和3000多份文件（文章、案例研究、档案资料、公司出版物、视频录像）。据保守估计，我们查阅了超过6万页的材料（实际数字可能接近10万页）。为了这个项目收集的文件资料填满了

　　⊖ 我们还需要一个对照组，包括那些没有学习生物、化学的毕业生，既有那些最终变得富有的人，也有那些未能如愿的人。

三个高及肩膀的文件柜，放满了四个书架，电子文件的大小有
20 多兆。"他们在三个不同的场合，都特别强调了大量的数据
分析工作耗时达六年之久。

作者戏剧性地描绘了研究过程，让读者感觉自己正在
学习一些惊人的东西。他们将研究旅程比作查尔斯·达尔文
（Charles Darwin）在加拉帕戈斯群岛的五年航行，将自己的发
现比作发现了新物种。他们对这个类比非常着迷，以至于在仅
仅两页之后，他们就说他们的项目耗时五年。为了"确保系统
化和全面的数据收集"，他们使用了"组织流分析"，这是我从
未听说过的：网络搜索结果显示，在《基业长青》之外找不到
任何出处。在《光环效应》（*The Halo Effect*）一书中，专注于
商业的教授菲尔·罗森维（Phil Rosenzweig）对《基业长青》
和类似书籍进行了批判，称其为"严谨研究的错觉"。无论你
给你的方法起一个多么花哨的名字，或者你收集了多少数据，
数量都无法替代质量。

《基业长青》中的数据到底出了什么质量问题？这又回到
了我们的老朋友（或敌人）：选定样本。作者找到了 18 家公
司，认为这些公司"基业长青"——长期成功，而不仅仅是
昙花一现——然后试图"发掘极富远见卓识的公司共有的潜在
特征"。他们从成功的公司出发，发掘出统一的特质（九大原
则）：这正是我和我的朋友们使用过的方法。

在外行人看来，柯林斯和波勒斯似乎比我们更胜一筹，因
为他们有一个对照组。"富豪榜"只研究成功故事，但柯林斯

和波勒斯还考虑了失败案例。他们把 18 家成功公司与他们认为不那么有远见的类似公司进行对比。他们的目标是找出惠普公司的业绩超越得州仪器、默克公司击败辉瑞的原因。

但实际上，这并不是一个真正的对照组。一个对照组应该包含成百上千家没有接受特定输入的公司——即那些没有实践这九大原则的公司。相反，柯林斯和波勒斯找到了 18 家**没有实现预期结果**的公司——即那些没有取得成功的公司。这对他们来说影响甚微，他们仍然可以随心所欲地提出任何解释。他们现在只需要一个能够适用于 36 个数据点的共同主题，而不是 18 个——这个主题是那些成功的公司具备而那些失败的公司不具备的。如果你被要求解释为什么一组国家比另一组更富裕，或者一组同学比另一组考试分数更高，你也可以选择你喜欢的理由。由于作者没有研究那些应用了这些原则但失败的公司，或者没有应用这些原则但成功了的公司，他们无法知道自己的解释是否准确。⊖

这种误解至关重要。《基业长青》一书问世后不久，一些

⊖ 另一个问题是，无法以客观的方式证明成功公司确实遵循了这九大原则，而失败公司则没有遵循。这与第三章中关于数据自我报告的担忧是类似的，但区别在于这里的数据是由研究者而非公司本身提供的。例如，"永远不够好"的原则指出公司应始终精益求精，但是你无法衡量为改进做出的努力，只能衡量到实际取得的改进。就像两名马拉松运动员，即使成绩不同，也可能付出了相同的努力。读者只能依赖柯林斯和波勒斯的评估，而他们总是声称领先者遵循了这些原则，而落后者没有，因为这种评估是主观的。

据说颇具前瞻性的公司迅速衰落，这表明所谓的"神奇公式"并不能让你长久地保持成功——尽管如此，仍有数百万人购买了这本书。《追求卓越》（*In Search of Excellence*）和《从优秀到卓越》（*Good to Great*）等同一类型的书籍挑选了一系列成功的公司作为案例并发掘它们的共同因素，但都没有提供对照组数据。随后，这些所谓的榜样公司一败涂地。所谓的"秘密武器"不过是一场骗局。

小结

- **事实不等同于数据**，因为它可能不具有代表性。即使某个故事、案例或奇闻轶事是真实的，你也不能据此推导出普遍性的结论，因为这可能是个特例。

- **叙事谬误**指的是在现实中本无因果关系，我们主观地构建出因果链条。即便存在其他可能的解释，我们仍旧倾向于相信那些听起来像故事一般的成功理由。
  - ◎ 为了使内容广泛传播，作者会杜撰最能迎合双重偏误的故事。
  - ◎ 人们会编造理由来解释他们的成功，即使成功只是因为好运。

- 数据点的堆砌并非"数据"本身。即使作者提供了很多例子，这些例子讲的是同样的故事，它也可能是经过精心筛选的。

○ 提问：作者是否探讨了那些与假设不符的案例——
比如那些包含了特定输入却未观察到预期输出的情
况（例如，一位曾被收养的首席执行官麾下的公司
并不成功），或者观察到了预期输出却未发现相应输
入的情况（例如，公司在首席执行官没有被收养经
历的情况下依然取得了成功）?

● 同样，即使没有先入为主的预设，你也不能简单地
"让数据说话"——收集成功故事并发掘共同点。你的
样本中不会收录那些拥有共同点但失败了的案例，也
不会收录那些没有共同点却成功了的案例。

● 要理解某个因果关系，需要包括以下步骤：

○ 从假设开始：一个特定的输入（曾被收养的首席执
行官）会影响一个特定的输出（公司的成功）。

○ 收集一个具有代表性的测试样本，收录具有特定输
入的案例，而不考虑它们的输出结果如何（收集那
些聘用了曾被收养的首席执行官的公司的案例，无
论他们管理的公司成功与否）。

○ 收集一个具有代表性的对照样本，收录缺乏特定输
入的案例，同样不考虑其输出结果（收集那些聘用
了无被收养经历的首席执行官的公司的案例，无论
他们管理的公司成功与否）。

○ 计算两个样本的平均输出，并找出差异。

○ 核查差异是否具有统计学意义——差异的大小和样

本量足够大，以至于这种差异不太可能仅仅是运气好坏导致的。

然而，仅有数据还不够。全世界最庞大的数据库也只能推动你向前迈出一步，而并不能为你提供确凿的证据。接下来的两章将阐述其中的原因。

第五章 数据并非证据：数据挖掘

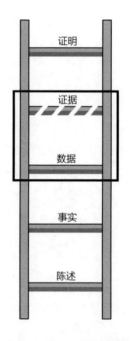

人生中真正能够改变命运的机会寥寥可数，但在伦敦公园大道多切斯特酒店，那次偶然的咖啡之约却有可能成为其中之

一。几周前，我在清理垃圾邮件时，注意到了一封邮件。在众多告知巨额遗产继承、紧急救助捐款请求以及无条件爱情承诺的邮件中，有一封因为发件人的名字脱颖而出：它来自一位世界知名的投资大亨。我做好了准备，这是一场以假冒身份为幌子的投资骗局。否则，一位权势显赫的资本管理者会向一位名不见经传的助理教授索求什么？我打开邮件，阅读完感觉它似乎是真的。我们之后进行了邮件沟通，这让我更加确信。所以当发件人提出面谈时，我很兴奋。

这是一次我绝对不能迟到的会面，所以我提前了几乎半小时到达。我在这家每晚 800 英镑的酒店[1]的豪华大堂里等待着，抬头望向天花板，透过前窗远眺，远处是翠绿如茵的海德公园。我们约定的是上午 10 点，已经过了，我开始怀疑。那些邮件看起来如此逼真，发件人似乎对我的研究也很了解。也许这是我的一厢情愿——我内心深处希望那些信息是真实的。自从收到那封邮件以来，我的理性思维系统 2 首次被激活，我开始怀疑自己是否被愚弄了。

十分钟后，投资者终于现身，气场强大，仿佛掌控着整个世界——既权威，又沉静。这位金融家，我暂且称她为心怡，希望建立一只支持多样性的基金，并寻求证据来支撑她的想法。她听闻了我的研究，这项研究显示美国的 100 家最佳公司——那些在员工待遇上远超同行的公司——是如何在竞争中脱颖而出的，她希望这能够成为她所需要的支持。[2]我向她解释，最佳公司评估确实将多样性作为考量因素。然而，多样性不仅仅局限于此，而且很难判断我发现的卓越绩效是由多样性本身所驱动，还是成为最佳公司的其他因素所致。[⊖]员工满意度是一个由众多细节构成的概念，而多样性只是其广泛范畴下的一个组成部分。

尽管如此，心怡并未气馁，她问我是否能够调整我的研究方法，专门针对多样性进行一项新的研究。我说可以，通过用多样性衡量标准替换最佳公司地位，并列举了许多现成的多样性衡量指标。心怡很激动，并询问我是否愿意进行这项分析。如果结果令人满意，她提出我可以作为合作伙伴，和她一起推出这个新的基金。

离开酒店大堂，我仿佛漫步于云端。这无疑是一个千载难逢的好机会，倘若研究结果如我们所愿，那么随之而来的利益将是源源不断的。我有望发表一篇顶级论文，由于多样性正是一个热门话题，这篇论文很可能会被广泛引用。在学术界之外，我将与全球知名的投资大亨合作，这将把我从象牙塔推向全球舞台。我可能会被推崇为多样性的旗手，这将反过来为我开启无数新的机遇。除了这些实际回报，研究多样性也是我内心深处真正充满激情的事业。毕竟无论在小学、中学、大学、投行，我一直是屈指可数的非白人面孔。

鉴于有许多可用的多样性衡量指标，因此需要进行大量的分析工作，我找到了一位沃顿商学院的 MBA 学生来与我合

⊖ 我们只会公布最佳公司的名单，而它们的具体得分则不会公开。

作，我称他为戴夫——这是他的真名。戴夫具有很强的量化分析能力，在班里的成绩一直是 A+，并且对道德投资充满热情。我们研究了汤森路透的一个数据库，该数据库提供了涵盖企业责任在内的 18 个不同维度的数据，其中之一就是多样性。在多样性的广阔领域，细分出了数十个关注点。心怡尤为感兴趣的是性别多样性，我们最终确定了 24 个与此相关的衡量指标。○我们逐一对这些指标进行了深入分析，希望能挖掘出有价值的结果。

然而，结果并不尽如人意。在这 24 个衡量指标中，有 22 个与公司绩效呈**负**相关。在这 22 个指标中，有些，例如女性董事的比例，与公司绩效的关系在统计学意义上不显著——它们的关系太弱，以至于可能是出于偶然。而其他一些指标，比如拥有产假政策，与公司绩效之间的关联不仅是负面的，而且还是显著的。在仅有的两个亮点中，女性管理者的比例与公司绩效呈正相关，但这种关联并不显著。然而，有一个关联符合我们所期望的方向，并且是显著的——媒体报道的多样性争议数量。媒体报道的争议越少，公司的绩效就越好。

显然，如果我们想与心怡合作，我们应当这么做——只报告那个唯一正面的、显著的关联。或者，我们可以公开两个正

○ 这些指标要么专注于性别多样性本身，要么涉及更宽泛的多样性（考虑到性别多样性是整体多样性中的一个重要组成部分）。我们剔除了那些专注于其他多样性的领域，例如种族多样性的衡量指标。

面的结果，给人一种诚实的印象，因为我们可以说其中一个结果是不显著的。但为了透明，我们选择如实报告。作为教授，我的职责是进行科研。即使我仅仅是运用这项研究来启动一个基金，而不发表学术论文，我仍然是在传播错误信息。无论研究用于何种目的，研究就是研究，科学家不能只选择他们想要的结果。

我们向心怡发送了全部 24 个结果，她很失望，但仍然很得体地感谢我们为之付出的努力。戴夫将结果整理成了一份 MBA 论文，我继续回归我的其他项目，以为这将是最后一次听到关于这个话题的消息。尽管在与心怡的初次会面后我抱有希望，但我还是坦然接受了这个失败。在我的职业生涯中，我已经检验了很多假设，其中一些假设不成立，所以我清楚，失望也是研究的一部分。

六个月后，一篇新闻报道吸引了我。心怡正推出一只基于这样一个假设的基金：那些对女性友好的公司往往业绩更佳——这恰恰与我们之前分析的结果相左。她引用了某家我暂且称为"Fixit"的公司的研究，该公司宣称多样性对业绩有着巨大的积极影响。Fixit 所使用的多样性衡量标准与我们研究的 24 个指标无一相符，而且评估业绩的方式也与我们大相径庭。不出所料，心怡对戴夫和我此前为她进行的测试只字未提，因为那个测试和预期结果不符。

这一插曲凸显了**数据并不等同于证据**的一个关键原因：数据可能是数据挖掘活动的产物。数据挖掘是指研究者为了寻找特定的结论而进行的有偏差的搜索——他们开展大量不同的测试，隐藏那些不符合期望的结果，而只关注那些恰好支持他们的假设的发现。因此，发表一篇具有影响力的论文有一条捷径可走——挖掘数据，寄希望于某个显著的发现，并只报告这一结果。这种做法往往会导致误导性的结论，因为它忽略了那些不够显著或者不支持预设的数据。

实际上，你甚至不需要寄希望于好运。你只需进行足够多的测试。即便输入和输出之间并无真实的关联，大量的测试中总有可能因为偶然而显示出某种关联。就像你连续抛掷一枚均匀的硬币，总会有连续多次正面朝上的情况出现；[⊖]如果你用100种不同的方法来测试一个假设，即使这个假设是错误的，[⊜]其中也大约会有5种方法会达到5%的显著性水平。[⊜]这就意味着，平均来看，你只需要尝试大约20次，就可能得到你想要的结果。"如果你一开始没有成功，再试，接着试。"这不仅仅是一句空洞的谚语——在数据挖掘中，它是一条实用的建议。

⊖ 连续出现六次正面朝上或六次背面朝上的概率是3.125%，这个概率低于5%。

⊜ 回顾一下，一个关联要被认为具有统计学的显著性，那么它由偶然因素引起的可能性需要控制在5%及以下。这意味着，在单次测试中，由于偶然性得到显著结果的可能性是5%。如果你进行100次独立测试，按照平均概率计算，将会出现5%×100＝5次具有显著性水平的结果。

⊜ 在20次测试中，平均来看，会有一次测试揭示出显著正相关或负相关。如果你追求正向又显著的结果，那么平均而言，你需要进行约40次测试。

如何进行足够多的尝试来确保成功呢？那就是通过尝试不同的衡量标准。在这个案例中，心怡和 Fixit 都涉嫌数据挖掘——心怡专门挑选了 Fixit 的研究，因为该研究支持她的观点；而 Fixit 也可能意识到，如果他们的研究发现了某个显著的结果，他们将更具影响力。我们把重点放在 Fixit 上，因为是他们在实际操作中进行了数据处理。从数据输入的角度来看，Fixit 可以选择研究汤森路透的 24 个多样性指标中的任何一个，或者是其他数据库中的数十个甚至数百个指标。[⊖]他们最终选择了一个能够支持他们观点的标准——比较那些有三名及以上女性董事的公司与那些完全没有女性董事的公司。

Fixit 在输出方面也进行了处理：财务绩效。在所有财务指标中，有一个特别突出——股东回报率，[⊜]也就是股东从对公司的投资中获得的回报，也是我和戴夫的研究的唯一衡量标准。但 Fixit 选择的却是以利润率作为衡量标准。[⊜]投资者并不会直接从利润率中获益，因为这是一个变动较为缓慢的指标。当一家公司宣布某项创新时，即使这项创新可能要几年以后才能盈

⊖ 请注意，这与我们在第三章中发现的问题有所不同。在第三章中，研究使用的衡量标准与他们声称的内容关系不大。在这里，所有的 24 个指标都是衡量多样性的有效指标，但我们可以自由选择使用哪些指标。

⊜ 股东回报是股价的变化加上股息。

⊜ 具体而言，Fixit 采用了三种不同的利润率衡量指标：销售利润率、投资资本回报率和股东权益回报率。这三个衡量标准都存在类似的问题。

利，公司的股价也会立刻上涨。但是 Fixit 选择利润率这个指标是因为它有效。恰好这个输出指标与他们对多样性的衡量标准显著相关。Fixit 的结果为心怡提供了她启动基金所需要的数据，迫不及待的投资者注资数百万，为她的想法喝彩。

挖掘愚人金矿

那么，数据挖掘真的构成问题吗？如果确实存在有三名及以上女性董事的公司表现优于那些没有女性董事的公司的情况，那么这就是一个客观的事实。实际上，这不仅仅是事实：这是数据——关联就清晰地呈现在冰冷、确凿的数字上。即使其他多样性衡量标准无法得出相同的结论，也不会改变这个现实，即至少有一种衡量标准显示出了显著的关联。

数据挖掘确实存在问题，原因有两方面。首先，心怡的目标是基于泛泛的性别多样性推出一只基金。她在募股说明书中强调了将如何评估一家公司的多样性——不仅仅是公司是否有三名及以上的女性董事，还包括首席执行官的性别、工作是否对女性友好。然而，数据并未显示出其他这些衡量标准与公司绩效间存在任何显著联系。在一个差异化的世界，你不能从单一的证据（一棵树）推断出整体（整片森林）。

难道心怡不能基于 Fixit 的研究结果，只关注与绩效相关的女性董事数量，据此启动一只基金吗？遗憾的是，这是行不通的，因为存在第二个问题——即便是一个显著的结果，也可能仅仅是巧合所致。统计显著性并不证明某种关系确实存在，它只是表明不存在实际关联而只是运气好的概率小于 5%。[⊖] 如果与绩效没有真实的关联，那么这种投资策略未来的表现也不会优于平均水平。实际上，自从心怡的基金成立以来，其表现一直未能超越美国和全球市场的平均水平。

这就是**伪相关**的问题。在第四章中，我们强调了统计显著性给我们的是数据，而不仅仅是事实。但它并不能带给我们证据——如果关系是由随机性造成的，它就不能支持任何假设，但是支持假设才是证据的标志。作者泰勒·维根（Tyler Vigen）运营了一个网站，上面展示了一些极其怪异的关联例子，以此来强调这个观点。比如美国每年被有毒蜘蛛咬伤致死的人数与同年全国拼词大赛获胜单词的字母数量存在相关性；使用了蒸气和高温物体的谋杀案与在任美国小姐的年龄存在相关性。让我们再看看不那么沉重的话题，缅因州的人均黄油消费量与离婚率之间也存在关联。

令人担忧的是，监管机构很难监控到这些错误信息。人们或许期待监管机构能够对那些提出误导性主张的基金采取措施，但心怡的募股说明书中并没有任何错误的信息。每项陈述

⊖ 更准确地说，统计显著性指的是，如果你只进行了一次测试，那么观察到的显著结果仅仅是因运气而出现的概率小于 5%。但是，如果你进行了多次测试并只报告了最好的结果，那么这个结果仅仅是因运气而出现的概率就远高于 5%，这意味着实际存在某种有意义的关联的可能性要低得多。

都有数据支持，但由于这些数据是 Fixit 通过数据挖掘得到的，因此并不能构成证据。立法者无法知晓一家公司隐藏了多少其他的可能——因此，即使他们已经批准了一份募股说明书，其中可能仍然存在谎言。既然我们不能依赖外在的监管来保护我们，那么就需要学习自己承担责任。

关闭矿井

那么，我们如何防范数据挖掘的风险呢？首先，我们要问自己：**输入和输出是否是以最直接自然的方式被衡量？** 就基金业绩而言，任何投资者都清楚收益是衡量成功的唯一标准，但一旦他们偏好利润率的考量，就可能会忘记这一点。在其他情形下，可能存在多个同样有效的衡量标准。即使正在使用的指标没有任何问题，也要问自己是否还有其他指标存在。女性董事的数量是衡量多样性的一个合理方法，但新入职女员工的占比也是一个有效指标。在这种情况下，研究是否测试了其结果的**稳健性**——即是否证明了在使用最可能的替代指标时，其结果仍然成立？

然而，数据挖掘的问题远比这复杂。心怡期望基于某个特定的投资理念——性别多样性——来推出一只基金，但她面前有众多衡量标准可供选择。假设心怡仅仅想要启动一只基金，而对于具体的策略——比如多样性、清洁能源、CEO 的素质，还是其他任何因素并不在意，只要策略有成效就行。这种情况下会发生什么呢？

如此一来，世界就成了她的掌中之物了。她可以尝试将股票表现与成千上万种不同的输入因素关联起来，这些因素从合理的（如 CEO 的受教育水平）到荒诞的（如 CEO 的鞋码）无所不包，几乎可以肯定的是，她总能挖掘出几个显示出显著相关性的因素。

为了解决这个问题，我们提出了第二个问题：**输入会影响输出吗？** 回答这个问题需要的不是统计学知识，而是**常识**，这也是我们在本书中会反复提到的主题。回顾一下科学方法，首先提出假设，然后进行验证。如果输入和输出之间有一个基于常识的解释，例如 CEO 的受教育程度可能影响公司表现，那么可以合理地推断，这可能是研究人员唯一关注的变量组合。然而，如果两者之间没有明显的逻辑关系，那么这个发现很可能就是数据挖掘的结果。由于没有清晰的理由可以说明为什么氢化植物油的摄入会引发婚姻不和，黄油消费量与离婚率之间的所谓关联就很可能只是随机现象。

但是第二个问题并非完全可靠，因为研究人员不仅可以对数据进行挖掘，还可以对他们的假设进行挖掘。他们可以开展数百项测试，观察哪些结果有效，然后事后构建一个假设。如果他们发现喜欢红色的 CEO 表现更好，那么他们就可以随后深入心理学文献中寻找证据去支持红色能激发支配感从而提升绩效的观点——实际上，这样的研究确实存在。[3] 作者可以撰写一篇论文，从"喜欢红色的 CEO 将所向披靡"的假设出发，以这篇文章为依据进行测试。你可能根本不会意识到事情的顺序是相反的。或者，如果数据显示喜欢红色的 CEO 表现更差，作者可以搜寻研究来支持看到红色会导致失败、恐惧的观点——实际上，这样的研究也确实存在。[4]

我们如何判断一个假设是否经过了逆向构造？为了探究这个问题，我们将回到我的过去，审视我发表的第一篇论文，当时我必须回应对数据挖掘的担忧。我是在攻读博士学位的第二年开始着手写这篇论文的。但我们需要将时间再倒回去几个月，回到 2004 年的那个夏天，那时这个想法刚刚萌芽。

足球狂热

"我建议的交易策略是一个为期两年的 2s/10s 牛市陡峭化。这是一个相对简单的操作。我们只需考虑 DV01s（即价格变动对利率变动的敏感度），通过选择适当的名义本金，使得交易两边的名义本金与期限的乘积相等，从而使交易保持期限中性。"

正当我试图理解迈克刚刚陈述的并非那么简单的主意时，离我几张桌子之外的朱莉亚开始尖叫："我需要 100 万加元，100 万新西兰元，100 万瑞典克朗，100 万挪威克朗！"

那是我攻读博士期间的第一个夏天。大多数学生都留在麻省理工学院做研究，但我回到了摩根士丹利。我之前在摩根士丹利伦敦的投行工作，现在我转到了纽约的销售和交易部门，来体验金融真实的另一面。

　　交易大厅里一片疯狂。对于大多数人来说，持续的噪音会让他们无法集中注意力，但我却喜欢这种能量。朱莉亚是我们外币销售的执行董事，每天都要求汇报最新的汇率信息。交易厅那头，一位交易员大声喊出当前的加拿大元汇率，加元因其一元硬币上铸有加拿大国鸟——潜鸟（loon）的图案而被称为"Loonie"。接着我会听到一个新西兰口音喊出的新西兰元的价格，然后是斯堪的纳维亚口音尖叫出的瑞典克朗和挪威克朗的最新汇率。

　　尽管交易员们的喊声震耳欲聋，但他们至少是有序的，一个接一个地喊。可是如果有关于经济的消息传出，比如失业率数据，你可能会听到一片咒骂或欢呼。有时，那气氛已经逼近足球赛了。在我实习几周后，气氛就和足球赛完全一样了，因为 2004 年欧洲足球锦标赛开始了。

　　我在麻省理工学院的时候会踢足球，当我在看台上听到有人喊"哥们，那个人刚刚完全用头顶球了！"，我原本以为他们从未见过头球，这让我认为美国人可能并不太关心足球。也许他们对世界杯感兴趣，但肯定不关心欧锦赛。我很快意识到我错了。许多土生土长的美国人有着欧洲血统，这从他们的姓氏就可以看出来，他们为他们的祖先的国家欢呼，即使他们从未踏上过那片土地。

　　这一年，希腊队以黑马之姿逆袭夺得了欧洲杯冠军，尽管一开始他们被视为夺冠赔率达 150 比 1 的大冷门。在晋级之路上，他们制造了一个又一个惊喜——这让我身边的同事无比愤怒。德国、西班牙和意大利这些强队都早早被淘汰，引发了极大的愤怒，这种愤怒甚至超过了面对最糟糕的失业数据时的心情。这些人都是习惯了在一天之内赢输数百万美元的执行董事和执行总裁。面对市场暴跌他们或许都能冷静，但在他们看好的球队输球时，他们开始激烈地砸桌子、咆哮、发泄不满。当上届冠军法国队在四分之一决赛中被希腊淘汰后，坐在我旁边的一个英国人嘲讽地对一位法国高级交易员说："我现在要去吃点希腊薯条。"那位法国人怒气冲冲地走了，接连好几天都没回到工位。

随着夏日的结束，我回到了麻省理工学院的宁静校园，开始了新的学年，新学年以一门如何使用金融数据进行研究的课程拉开序幕。蒂姆·约翰逊（Tim Johnson）教授希望我们养成良好的研究习惯，因此他的第一堂课便是关于数据挖掘的危险的。他向我们介绍了个人情绪如何影响股市交易的研究文献。这项研究旨在揭示投资者在决策过程中的非理性行为——他们不仅基于利润和通货膨胀等理性因素进行交易，还受到个人情绪的左右。

由于无法直接观察个体交易者的情绪，研究人员转而研究整个国家的情绪。为此，他们需要找到一个能影响国家情绪但不影响其经济发展的指标。这颇具挑战性，因为许多影响情绪的因素也会对经济产生影响——比如，飞机失事会打击旅游业，选举会影响税收政策，而疫情则可能导致经济瘫痪。如果这些事件导致市场出现大幅下跌，这可能是完全合理的，与情绪无关。

此前的研究文献已经提出了诸如时钟调整[5]、季节性情感障碍[6]、气象变化[7]和月相周期[8]等影响情绪但不影响经济的因素。这些研究均得出了显著的结论，并成功发表在顶尖的科学期刊上，但蒂姆指出，这些研究或许只揭示了伪相关性，其结果仍然存在争议。股票市场真的会因为月相的盈亏而波动吗？

蒂姆鼓励我们从更宏观的角度进行思考。假如我们想探究某个能够影响整个国家情绪的事件，（夏令时与冬令时的）时钟调整会是我们首先考虑的吗？关于时钟调整可能产生的影响，确实存在一种观点：它可能会扰乱交易员的睡眠规律，导致他们情绪不佳，从而更倾向于抛售股票。

那个夏天的记忆瞬间浮现在我的脑海中。我想起了那些资深的交易员，他们在熬过不眠之夜后依然思维敏锐，无论是雷电交加还是晴空万里，都无法影响他们的专注。但一旦他们喜欢的球队在比赛中失利，他们便陷入了深深的绝望。球队在欧洲杯被淘汰的痛苦，即便是最新鲜、最大杯的四倍浓缩无奶油燕麦摩卡也无法抚平——哪怕在上面再淋上一层诱人的焦糖，也无法消除这份失望。在交易大厅里，球赛的结果似乎比任何其他因素都更强烈地左右着人们的情绪。

当我深入回顾关于体育如何影响情绪的研究时，我了解到2004年欧洲杯赛事对摩根士丹利交易员产生影响并非孤立事件：这种影响广泛存在。1998年世界杯，英格兰队在点球大战中输给阿根廷队，接下来几天，英国的心脏病发病率急剧攀升。[9] 而在大洋彼岸，当加拿大蒙特利尔的加拿大人队未能晋级冰球斯坦利杯时，加拿大的自杀率同样上升。[10] 当一些加拿大人因为球队失利选择结束自己的生命时，一些美国人则选择相互残杀——在 NFL[○] 季后赛，当一支球队被淘汰时，其所属城市的谋杀案件便会增加。[11]

这些影响比之前我们所进行的情绪测量要明显得多——我不知道有没有人因为时钟调整而违反了"第六诫"（不可杀人）。不仅如此，一场比赛的失利不仅仅会让你对自己喜欢的球队感到沮丧，这种情绪的涟漪甚至扩散到了日常生活中。例如，当俄亥俄州立大学的橄榄球队赢得了比赛，整个俄亥俄州的彩票销量会随之上升，这是因为人们的乐观情绪被激发。由此可见，体育赛事对情绪的影响确实足够深远，足以在股市中产生连锁反应。

我对这些数据进行了细致的分析，发现一旦某个国家在重要的国际赛事中失利，其股市在次日往往会大幅下跌。碰巧的是，达特茅斯学院的两位教授，迭戈·加西亚（Diego Garcia）和奥伊文德·诺利（Oyvind Norli），也在进行同样的研究，并得出了相似的结论，因此我们决定联合起来。我们共同整理了包括世界杯、欧洲锦标赛、美洲杯和亚洲杯在内的 1100 场比赛的数据，结果发现在大规模赛事中这一规律依然适用。[12] 具

○ 即全美橄榄球联盟。

体来说，世界杯的失利与股市下跌 0.5% 存在关联。这意味着仅由于英格兰队在点球大战中的失利，一天之内英国股市的市值就蒸发了约 100 亿英镑。

本文作为我在麻省理工学院博士学位论文的开篇章节，得以在顶级期刊《金融杂志》上发表。你可能会感到惊讶，麻省理工学院竟然会因为一项关于足球的研究而授予作者博士学位，并且该研究还被顶尖学术期刊所收录。然而，足球运动的魅力在于它正好巧妙地满足了两个条件：对经济的影响微乎其微，而对情绪的影响却尤为深远。这一特点使我们得以向麻省理工学院的博士论文委员会和《金融杂志》的编辑们证明，我们所考察的情绪指标是独一无二的，而且我们的研究并不涉及数据挖掘。

这一原则远超出我们论文的范畴。作为研究者，防范数据挖掘的最佳办法是提出一个强有力的假设。作为读者，如果你怀疑某个相关性可能是虚假的，那么请自问——**作者正在探讨的问题是什么？他们采用的假设是否是最合逻辑的？** 当探讨的主题是情绪是否对股市有所影响时，不妨自问：时钟调整是否会是你首先考虑的情绪影响因素。又或者，如果研究的主题是 CEO 的特性是否能够预示公司业绩，那么她最爱的颜色是否会成为你首要深入探究的特征呢？

但即使你愿意相信某个输入是唯一被研究的关键因素，并且它以最合理的方式被衡量，数据挖掘高手仍然有两个工具可供使用。现在，让我们先来看看第一个工具。

反败为胜

一场艰难的战役终于接近尾声。作为一名刚入职一年的投行分析师，我完成了我们向客户提出的交易方案的所有数值分析。我研究了多种融资方案，撰写了交易的战略合理性分析，并且为"风险及应对"一章做了收尾——这一过程中，我巧妙地融合了众多资深银行家们提出的，有时甚至相互冲突的建议和评论。

尚有一章有待撰写——那便是"摩根士丹利的资质展示"。在提案书努力说服客户达成交易的同时，这最后的点睛之笔旨在让他们选择与我们携手合作。为了达到这一目的，我着手编制了一系列排行榜，展示了我们实现的交易价值及其与同行业竞争者之间的对比。鉴于我们正向一家德国客户推介化工领域的交易，我搜集了过去三年欧洲化工行业活动的统计数据。数据显示我们颇具优势，摩根士丹利在其中位列第三。

但是，在我的上司马克看来，获得一枚铜牌是远远不够的。他让我重新审视这些数据。如果我们把范围扩展到过去四年，或者缩小到前两年，结果会如何？是否可以调整标准，只统计那些交易额超过 1 亿欧元的案例？而且，为什么偏偏只聚焦于欧洲化工市场？虽然我们团队的名字就是欧洲化工，但鉴于客户的地域背景，我们是否应该将焦点转向德国化工市场？或者，为了凸显摩根士丹利在全球范围内的专业能力，我们是否应该将分析范围扩大到全球化工市场？马克坚信，一定有某种数据组合能够让我们在排名榜上攀升，获得更显赫的位置。

我回到白板前，继续尝试其他的数据组合。将低于1亿欧元的交易剔除后，我们反而跌至了第四名。但我并没有因此气馁，因为我还有其他可以调整的变量。经过进一步的数据分析，我偶然发现了一个能够将我们的排名提升一位的组合。我没有把这个结果拿给马克看，因为我知道他只对第一名满意。我继续调整、尝试，最终，我找到了那个神奇的组合，将摩根士丹利推上了排行榜榜首。

这个例子充分展示了数据挖掘问题普遍存在。情绪研究展示了我们在选择输入数据时的极大自由——时钟调整、天气变化或足球比赛结果。我与心怡的合作则展示了即使你确定了一个输入，也可能有数十种方式来衡量它。而在排行榜的例子中，我们在数据输入（我们正在争取达成一项交易，所以必须展示我们的交易经验）或数据衡量（交易的价值是明确的）方面没有任何灵活性。但是在选取样本方面，我们却有一定的自由度：我们可以选择纳入哪些交易。我们很清楚我们想要什么结果，因此可以精心筛选数据，确保"计算机给出肯定的答案"。这种类型的数据挖掘被称为**样本挖掘**——不是选择你的输入、输出或衡量标准，而是选择你的样本。

样本挖掘不仅会在涉及数百万美元交易费用的重大场合出现，它也同样会出现在你的声誉岌岌可危之时。在为心怡探究董事会多样性问题时，戴夫和我意外地发现女性董事的存在与公司业绩之间并无显著关联，这让我们感到惊讶，因为我们的数据来源——汤森路透公司曾宣称"没有女性董事的公司的平均表现不如性别多元化的董事会"。[13] 然而，当我们深入查阅细节时，发现他们只研究了始于 2007 年的数据，这显得有些不合常理，因为他们实际上早在 2002 年就已经开始收集数据了。

我们重新分析了数据，使用了汤森路透所使用的相同时间段的数据，果然我们也得到了一个正向的结果。但当我们扩展到整个样本范围时，这种关系竟然转变为（轻微的）负相关。这样的结果对汤森路透的公关形象无疑是个打击，因此他们通过剔除五年的数据——几乎占据了他们样本的一半——巧妙地得到了一个不同的结果。[○] 汤森路透将研究命名为"挖掘董事会多样性的指标"，这种说法颇具讽刺意味，因为他们实际上进行了一次明目张胆的样本挖掘。

防范样本挖掘

要辨别研究者是否进行了样本挖掘，可以查看他们是否进

○ 或许有充分的理由支持为何应当聚焦于 2007 年后的数据。可能是在 2007 年之后，世界发生了显著变化，使得之前的数据在今天看来不再那么具有参考价值。若是如此，汤森路透本应呈现全部数据，并将其分为 2007 年前后两个阶段，同时阐明他们为何认为 2007 年是一个重要的分界点。这样，读者就能自行判断是否应该仅关注近期数据，还是要将所有年度都纳入考量。但是隐瞒关键数据，阻碍读者独立思考并得出自己的结论，这种做法是不诚实的误导。

行了**样本外测试**：也就是说，他们的研究结果是否对不同的样本——比如不同的时间段或国家——依然成立。不过，你可能会担心他们尝试了许多种可能性，并只报告了那些符合预期的结果。因此，最可靠的方法是由第三方来选择样本，以此防止研究者自行挑选数据。

在投行领域，这个"第三方"便是潜在的付费客户。当你准备支付数百万美元的费用时，你完全有权提出任何要求——包括根据你的特定标准制定的排行榜。至于科学研究，遗憾的是，学者们并没有自己的付费客户，但公众是我们的受众。公众中的显赫人物可以要求进行样本外测试。

2014 年世界杯开幕当天，CNN 国际新闻主播理查德·奎斯特（Richard Quest）在他的节目"理查德·奎斯特的商业观察"中采访了我。我之前已经就我的足球论文接受过几次采访，所以没太紧张。但理查德对于体育能够影响股市的观点表现出极大的怀疑。我刚开始回答，他就打断我说："哦，得了吧！怎么会？为什么？"整个采访过程中，他持续对我追问。我不断地用证据回应，而理查德也心态开放地改变了最初的看法。

当摄像机停止拍摄，他评论说这是一项非常有趣的研究，并感谢我能参加节目。正当我准备放松下来时，他突然提出一个要求，让我追踪当前世界杯的每一场比赛结果，看看我的理论是否经得起考验，并把结果发给他。这是我第一次遇到主持人如此直接地让我回应。我差点儿就选择性地忽略了理查德的要求，但转念一想，如果我不回应，理查德可能会从我的沉默中推断出结果并不理想。此外，我对自己的理论能否得到验证也感到很好奇。

在整个赛事期间，三分之二的输球队伍所在国家的股市（与世界市场相比）出现了下跌——这一比例明显高于随机预期的五分之一。平均而言，每场失利都导致了 0.2% 的下跌；而"七大足球强国"（英格兰、法国、德国、意大利、西班牙、阿根廷、巴西）的失利"导致"的股市跌幅更是达到了 0.4%。在整个赛事期间，理查德又对我进行了两次采访，我详细解释了结果，我们的每一次对话都像第一次那样充满激情。[14]

大多数研究都不会出现在 CNN 上，因此不会有像理查德·奎斯特这样的公众代表来对研究者进行深入的追问。正如我在第九章将要讨论的，科学期刊在发表论文之前会对论文进行同行评审，审稿人扮演着把关人的角色。对于我们的足球研究，审稿人要求我们考察其他主要的国际体育项目。[⊖] 我们又研究了板球、橄榄球、冰球和篮球，并且满怀期待地进行了测试——如果这些测试没有成功，我们的论文就到此结束了，因为这表明我们在足球项目上只是侥幸发现了一些伪相关。但是我们发现橄榄球、板球和篮球的失利也导致了市场下跌，只有冰球例外。即使包括了冰球，这四种新体育赛事的平均失利效应在统

⊖ 我们只研究了国际性体育赛事，因为它们如何影响股市是很明显的。而对于地区性比赛，如果曼城获胜而利物浦失利，那么有些英国人会很高兴，有些人会沮丧，所以不清楚英国股市会如何反应。

计学上也是显著的。我们的结果在样本外也得到了验证。

迄今为止，我们见过的三大类数据挖掘——选择你的输入和输出、如何衡量它们，以及选择样本——都是关于如何操纵牌局以利于自己。那么，如果你无法选择发牌结果，或你的牌已经出完，不允许重新洗牌呢？你还有最后一招，我们接下来看看这一招数。

造假

Fixit 通过比较拥有三名及以上女性董事的公司与那些没有女性董事的公司，获得了显著相关的研究成果。但我和戴夫也研究了董事会多样性——这是我们调查的 24 个指标之一——然而我们发现其与公司业绩间并无关联。为了了解我们是如何得出不同结论的，请参考以下假设性数据。

公司	女性董事数量	利润
A	0	2
B	1	14
C	2	8
D	3	7
E	4	5

要评估女性董事数量是否与公司业绩相关，最自然也确实是正确的方法是绘制一个图表，将两者相互对照展示。

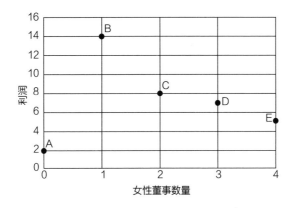

为了探究数据点之间的关联性，我们需要绘制一条**最佳拟合线**。这条线的斜率将揭示董事会多样性与利润之间的联系——具体来说，就是当一家公司增加一位女性董事时，其平均利润会有怎样的增长。若仅考虑 B、C、D 和 E 这几个数据点，拟合线将呈现下降的趋势。然而，A 点的出现可能会打破这一趋势：它的存在或许意味着最佳拟合线应该呈现出轻微的上升趋势。

幸运的是，我们不必依赖猜测。回归分析会计算出最佳拟合线的斜率，方法是找到与五个数据点平均差异最小的那条线。⊖ 你将表格中的十个数字代入一个公式，它就会自动得出

⊖ 更精确地说，最佳拟合线旨在最小化所有数据点到该直线的距离平方和。进行回归分析时，无须绘制图形；只需将数字代入公式，便可计算出斜率。"斜率"和"梯度"一般用来形容图表中最佳拟合线的倾斜程度。而当这一数值是从一组数字中计算得出且不依赖于图表时，它通常被称作"回归系数"。

斜率，也被称为梯度。如果在上述数据上运行回归分析，你会得到一个梯度值为 –0.1，这表明最佳拟合线应该是轻微向下倾斜的。

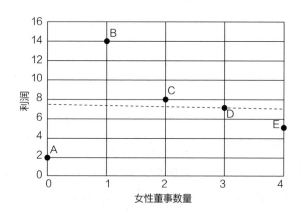

梯度值 –0.1 的含义可以这样解读，假设有两家公司 F 和 G，如果 G 比 F 多一位女性董事，那么 G 的利润平均会降低 0.1 个单位。我和戴夫采用了回归分析法，因此我们发现了这种轻微的负相关性。在计算出斜率之后，我们对其进行了统计显著性检验。结果显示，–0.1 的梯度值并不具有统计学意义——这么小的值很可能是随机因素所致，而非多样性真对利润造成了负面影响。

Fixit 采取了另一种策略。他们没有进行全面的数据回归分析，而是找了个借口剔除那家令人头疼的 B 公司，因为 B 公司缺乏多样性却取得了卓越的业绩；C 公司对他们期望的结果来说也是一个尴尬的存在。因此，他们动用了数据分析者的终极手段：**分组处理**。[⊖]他们将数据划分为几类——一类是包含三名或以上女性董事的公司（D 和 E），另一类则是没有女性董事的公司（A）。如此一来，他们成功剔除掉了不合群的 B 和 C 公司，因为它们不符合这两个分类中的任何一个。拥有三名或以上女性董事的公司（D 和 E）的平均业绩为（7+5）/2= 6，而只有男性董事的公司（A）的业绩仅为 2，Fixit 据此宣称，多样性的提升带来了令人瞩目的利润增长，涨幅达到了 4 个单位。

本章的大部分内容揭示了研究者如何通过挑选"原料"——包括输入数据、输出结果和样本——来进行数据挖掘。他们的最终手段是，利用这些原料烹制出任何他们心仪的"佳肴"，并且丢弃那些不合口味的"食材"。

分组方法还为 Fixit 巧妙地解决了另一个棘手的问题。当对比 D 公司和 E 公司时，尽管 E 公司多了一位女性董事（4 名对 3 名），但其业绩却有所下滑（5 对比 7），这一现象与 Fixit

---

⊖ 技术层面上，这一过程被称为"离散化"或"二值化"。它们体现了数据挖掘中一种更为普遍的方法，即确定你的分析**规格**——如何将现有数据整合成一个综合性的结果。为了简明扼要，我们在此仅讨论分组方法。但是，研究者们在数据挖掘过程中实际上可以做出多种规格选择。而且，我们的示例主要关注的是对输入数据的分组，但研究者同样可以通过对输出数据进行分组来进行数据挖掘，例如研究多样性如何影响利润排名处于前半部分或后半部分，或者是前三分之一或后三分之一，而不是关注利润的具体数值。

想要证明的多样性能够提升业绩的观点相悖。他们可能希望掩盖 E 公司在多样性上的优势，而通过分组，将 D 和 E 归入同一类别，便巧妙地做到了这一点。在新的分类中，两家公司都被视作拥有 3 名及以上的女性董事，女性董事的具体数量变得不再关键。分组手段将女性董事数量不同所呈现的灰度差异（0、1、2、3 或 4）简化为了非此即彼的二元对立。关键只在于公司是没有，还是至少有 3 名女性董事。至于到底是 3 名、4 名，还是 34 名，则变得无关紧要。

如果将至少有三名女性董事的公司与没有女性董事的公司作比较不管用，Fixit 本可以尝试另一种方法。他们可以将至少有三名女性董事的公司与女性董事不足三名的公司进行对比——将非多样性公司的对照组定义为最多有两名女性董事的，而不是没有女性董事的公司。如果这也无效，他们可以尝试将标准降低到一名或更少。同样地，Fixit 也可能将多样性公司的测试组定义为至少有两名女性董事，而不是三名——如果这也不行，他们还可以选择至少有四名女性董事的标准。

我们刚刚引入了"测试组"和"对照组"这两个术语。但是第四章提到，检验假设的正确方法正是比较测试组与对照组，那么我现在为什么要对此表示不满呢？

分组方法在处理二元输入情境时是合理的——即输入只能是非此即彼，比如是或否、黑或白。例如，公司的 CEO 要么有被收养的经历，要么没有，因此你可以将有被收养经历的

CEO 的公司与没有被收养经历的 CEO 的公司进行比较。然而，许多输入并非简单的二元对立；它们是**连续性**的。董事会的情况并非只有多样性与非多样性之分，而是存在不同层次的多样性——拥有四名女性董事的董事会比三名女性董事的更具有多样性，而三名又比两名更甚。因此，数据并不容易划分为泾渭分明的测试组和对照组，简单地进行二元对比并不合适。

回归分析采纳了**全部**数据，并充分考虑了公司实际的多样性水平，这种分析未受任何分组处理的干扰。所能得到的唯一结果就是 -0.1：你没有余地去挖掘数据以寻求不同的结果。[⊖] 与此相对，分组方法提供了极大的灵活性，因为它允许你精心挑选分组。每当我们看到数据被划分为两个类别时，应当提出疑问：**这是输入数据自然的二元状态，还是原本连续的数据被研究者人为地分了组？** 如果是后者，作者可能选择了那些能够得出他们期望结论的分组。我们需要核实他们是否已经证明，在标准的回归分析中这些结果依然有效。

人们如何能忽视灰色地带的存在？是非黑即白的思维在作祟。我们喜欢将世界划分为好与坏。"多样性的公司比非多样性的公司利润高出 4 个单位"，这样的说法有一个明确的卖点。而在回归分析中，不存在绝对的多样性或非多样性；相反，你是通过最佳拟合线的斜率来综合表达结果。-0.1 的斜率意味

⊖ 研究者确实有权在本书范围之外做出其他规格选择。给定一组数据，运行标准回归分析的方式只有一种。

着，平均而言，每增加一位女性董事，利润会降低 0.1 个单位。这个结果在现实世界中仍有实际意义，但相比好人战胜坏人的戏剧性故事，它显得不够吸引人。[⊖]

小结

- **数据本身并不能作为证据**，因为它可能是**数据挖掘**的结果。研究者可能进行了数十种其他测试，但只报告了那些显示出预期结果的部分。即使某个关联具有统计意义上的显著性，它也可能仅仅是出于偶然。

- 他们可能尝试了不同的输入和输出测量方法，比如使用不同的多样性指标。

  ◎ 提问：输入和输出数据是否采用了最恰当的测量方式？若答案是否定的，那么研究是否证明了在不同测量方法下结果的稳健性？

- 他们可能尝试了不同的输入变量。预测股票收益率时，研究者可以利用各种因素，从 CEO 的教育背景到他的鞋码等。如果进行了足够多的测试，其中一些可能会

⊖ 请注意，分组在特定情境下可能是合理的。也许女性董事只有在达到某个临界数量（比如三名）时才能提升公司利润，因为单靠一位女性可能无法产生显著的推动。然而，如果确实是这样，研究者应该为分组提供明确的理由，并检查不同的分组方式是否会影响结果，以此向读者保证他们没有为了得到一个有效的分类而进行数据挖掘。

显示出统计上的显著性，即使实际上并不存在这样的关系：这是一种**伪相关性**。

◎ 提问：这个输入是否合理地影响了输出？研究者探索的是哪个问题，这个输入是否是最合理的探究方式？

- 他们可能精心挑选了样本。这可能包括样本的起止日期，或者被选为样本的标准（例如，交易额超过 1 亿欧元）。

◎ 提问：作者是否使用不同的样本进行了样本外测试？

- 即使研究者必须使用现有的数据，他们也可以通过**分组**来进行数据挖掘。他们可能会比较三名及以上与零名、三名及以上与两名及以下、两名及以上与一名及以下的情况。

◎ 提问：输入是否是**连续的**？如果是，且研究者通过分组将其转换为二元变量，那么请检查在回归分析中这些结果是否依然成立。

但即使你拥有一个很坚实的假设，并且已经证明了你的结论在替代方案和样本外测试中都表现出稳健性，但是数据仍不等同于证据，下一章要讨论的主题就是第二个原因。

第六章　数据并非证据：因果关系

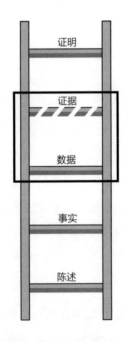

　　数据和方程曾是我生活的全部重心，直到我的儿子卡斯帕出生。有些瞬间仍然历历在目，恍如昨日——我看见卡斯帕趴

在刚分娩后的母亲胸前，听到他生命中的第一个喷嚏，惊叹于他第一次睁开眼睛打量世界。更多的记忆则是模糊的，从妻子被注入麻醉剂到她用尽全力分娩时我紧握着她的手，这期间我几乎什么都不记得了。

这些记忆变得模糊一部分是因为卡斯帕出生时没有发生什么意外。在我分享了这个喜讯后，我的一位朋友，同时也是三个孩子的父亲给我回复："现在一切都结束了，一切也开始了。"卡斯帕似乎继承了我的胃口，总像是没吃饱。转眼之间，本来安静的他会突然号啕大哭。我妻子的奶水还没完全跟上，所以即使奶水被吸空了，卡斯帕还是没满足。于是，我们面临了所有新手父母都必须考虑的紧迫问题——要不要使用奶瓶喂养？

显然有确凿的证据表明，母乳喂养有益于母婴的身心健康。我们参加了美国分娩信托基金会（National Childbirth Trust，NCT）的产前课程，其中有两节课专门讲授母乳喂养，讲师在课堂上分享了长达114页的PPT，信息量巨大。其中大部分都是关于如何进行母乳喂养的，开篇就介绍了母乳喂养的好处——母乳喂养很辛苦，所以必须得了解母乳喂养的好处，累得头晕目眩的父母才有勇气坚持下去。令我欣慰的是，讲师在脚注中完整地注明了学术参考来源，这样一来，我们就有了数据支撑，而不仅仅是陈述。

不光是美国分娩信托基金会：几乎每个人都会告诉你"母乳是最好的"，类似的建议在互联网比比皆是——很重要的一点是，这些建议的来源都是可靠的。作为书虫，我特别感兴趣的一项研究结果涉及孩子的智商。在谷歌上搜索"母乳喂养 智商",跳出来的第一个结果就是 BBC 发布的一项研究;谷歌的预览摘要显示:"一项长期研究揭示了母乳喂养与智力水平存在关联。这项在巴西进行的研究追踪了近 3500 名婴儿的发育,发现那些母乳喂养时间较长的婴儿,在成年后的智商测试中的得分更高。"紧随其后的第二条搜索结果来自《BMC 妊娠与生育》[1](BMC Pregnancy and Childbirth)期刊的一项研究,内容摘要是"八岁儿童的全面智商与接受母乳喂养的时间呈正相关,四岁儿童的注意力缺陷问题与接受母乳喂养的持续时间呈负相关"。第三个搜索出来的结果引用了发表在《营养前沿》[2](Frontiers in Nutrition)期刊上的一篇论文,文中写道:"接受母乳喂养与儿童和青少年的智商表现呈正相关。"平均而言,接受母乳喂养时间更长的被试的智商水平也更高。

这些研究证实了我自认为正确的一切。天然母乳无疑比配方奶要好。尽管奶粉公司投入了成千上万的科学家,他们满腔热情地钻研新生儿的营养需求,但这仍无法与数十亿人类进化的成果匹敌——就像我们体内关节的滑液比任何人工合成的润滑剂都要润滑 40 倍一样。[3]情况似乎一目了然了:配方奶喂养能获得短期的平静,付出的代价是卡斯帕的长期发展。

在朦胧的记忆中,我脑海里回响起产科医生的一句话。卡斯帕是个早产儿,体重过轻,所以"如果他有需求,建议补充一些配方奶。这不仅能促进他的生长,而且还能帮助排出胆红素"。胆红素,作为血红蛋白分解的必然产物,在早产儿体内的浓度往往较高。胆红素水平高会导致黄疸,如果不及时治疗,可能会导致脑损伤,甚至威胁生命。因此,配方奶有利有弊,对于卡斯帕尤为如此。是否坚持母乳喂养这个问题的答案可能不是简单的非黑即白。

美国分娩信托基金会课程 PPT 的最后给出了他们的母乳喂养咨询电话。我拨打了电话,解释了我们的困境。也许母乳喂养和智商之间的关系展现出适度原则:也就是说,母乳喂养对智商有好处,但在某一个时刻就会达到峰值;或者是均衡原则:配方奶有利有弊;或者差异化原则:母乳最适合大多数宝宝,但出生体重过轻的宝宝就不适合了。(别担心,电话中我没有真的使用适度、均衡或是差异化这些词。)然而,电话那头的母乳顾问态度很明确——我们一点儿配方奶也不该喂。她说初乳——刚分娩的妈妈分泌的乳汁——足以填饱婴儿的肚子。我想把儿子喂好,而不仅仅是填饱肚子,但她很坚持——大自然会提供人所需要的一切。不过,她也多次提到自己不具备医疗资质,所以挂断电话后,我又继续研究。

我回到了孩子出生前我做过的那些研究。这一次,我决定深入阅读真正的学术论文,而不仅仅是谷歌预览。通篇阅读后,我得出了截然不同的结论。在《营养前沿》的研究中,完整的论述是:"总体来看,比起非母乳喂养的被试,接受母乳喂养的被试在智商测试中得分更高。这些发现在某种程度上与我们的研究结果相吻合。然而,由于样本量有限,我们无法断定母乳喂养和奶瓶喂养之间是否存在统计学意义上的显著差异。"⊖换句话说，这种差异非常微小，很可能是由于偶然——这与谷歌搜索摘录的结论形成了鲜明对比。

　　更惊人的是，引文所属的这个段落开头介绍了另一项研究，这项研究的结论是"母乳喂养对智力没有显著影响（18）"。脚注 18 引用了杰夫·戴尔（Geoff Der）、大卫·柏堤（David Batty）和伊恩·戴芮（Ian Deary）[4] 在《英国医学杂志》（*The BMJ*）上发表的一篇文章。我找到了这篇文章，长六页，应该很快就能读完。

　　研究人员使用了科学的方法。他们随机抽取了 5475 名年龄在 5 到 14 岁之间的儿童作为调查样本，将他们分为测试组和对照组（母乳喂养组和奶瓶喂养组），并比较了他们的智商。杰夫、大卫和伊恩发现，母乳喂养的孩子的智商比奶瓶喂养的孩子的智商高 4.69 分，这是一个显著的统计差异，证实了我在谷歌搜索到的前两项研究的观点，也与大家的普遍观念相一致。这些都指向了以下关系：

母乳喂养 ————————————————→ 儿童智商

　　但是，一个孩子被分配到测试组（母乳喂养）还是对照组（奶瓶喂养）并不是随机的，因为母乳喂养和奶瓶喂养的婴儿在许多其他方面都存在差异。对那些不能请假或不具备吸奶、冷藏条件的职场妈妈来说，坚持母乳喂养是很难的；即使是全

⊖ *p 值对应的是差异水平，如果数值在 0.05 及以下，差异才会被认为是显著的。*

职妈妈，如果没有家人的支持，也会筋疲力尽。事实上，作者发现，选择母乳喂养的妈妈本身往往智商也更高；她们通常年龄更大，受教育程度更高，家庭环境更好，所以贫穷和吸烟的可能性也更小。这些因素被视为**普遍变量**——它们既影响输入（喂养方法），也影响输出（智商）。[⊖] 因此，引发智商差异的可能是这些因素，而不是喂养方式本身。普遍变量的概念与母乳喂养和智商呈正相关的观点形成了对立。

在研究人员**控制**了妈妈的智商这个变量之后——剔除了可以用妈妈的智商来解释的儿童智商差异——测试组和对照组的得分差距从 4.69 分骤降到 1.30 分。这在统计上仍然是有意义的，但当研究人员进一步控制了其他普遍变量，如吸烟、家庭贫困和家庭环境后，得分差异就变成了没有意义的 0.52。下图说明母乳喂养和儿童智商之间没有关联；相反，普遍变量对二者都会产生影响。

当然，除了智商，我们还关心很多其他的方面。但我们必须快速决定接下来怎么喂养。这项研究已经强调了普遍变量的重要性，所以我们想知道它们是否也影响了其他经常被吹捧的

　　⊖ "普遍变量"更专业的术语是"遗漏因素"、"遗漏变量"或"混淆变量"。

观点。我们给了卡斯帕一瓶爱他美铂金版第一段奶粉，他很快喝完了。我一边研究母乳喂养的其他好处，一边先采用母乳和奶粉的混合喂养。

我找到了健康经济学家艾米丽·奥斯特（Emily Oster）写的《一个经济学家的育儿指南》（*Cribsheet*）。⊖ 该书依据最严谨、专业的科学证据，重新审视了大众的育儿观，从而辨别哪些是经得起科学验证的。书里有整整一章都是关于母乳喂养的，这个章节一开始就罗列了所有被广泛宣称的好处：对婴儿的即时好处（比如减少感染、减少过敏性皮疹、降低婴儿猝死风险），长远好处（如降低糖尿病和肥胖风险，提高智商），以及对妈妈的好处（如减少产后抑郁症和骨质疏松的风险，建立更好的亲子关系）。

在仔细研究了所有的证据，并重点关注那些成功控制了混淆变量的研究之后，我发现只有少数母乳喂养的效果得到了证实，⊜ 而关于母乳喂养对婴儿的十大长远好处的说法无一成立。尽管剩下的那些好处仍然不容忽视，但它们的影响范围并不像

⊖ 理想情况下，我们应该在孩子出生前就阅读完所有必要的论文和书籍。但实际上我们遵循传统观念、NCT 课程和网络搜索的结果，并计划只对卡斯帕进行母乳喂养。但是，正如拳击手迈克·泰森（Mike Tyson）所说："每个人原本都有一个计划，直到你挨了一拳。计划总是赶不上变化。"

⊜ 对于婴儿的即时好处是，过敏性皮疹、胃肠道疾病和耳部感染的风险会降低，坏死性小肠结肠炎（一种严重的肠道感染）的概率也会降低。妈妈患乳腺癌的风险较低。

普遍认知的那么广泛，所以喂养方式的选择不再是一个不容改变的决定。在权衡了奶瓶喂养的好处之后，我们决定将两种方式结合起来——首选是母乳，但如果卡斯帕需要，或者我妻子想休息休息，就选择配方奶。

只有数据是不够的

众所周知，相关性并不等同于因果关系。那些关于母乳喂养的研究很好地解释了其理由。这些研究遵循了目前为止我们推荐的所有研究方法，基于母乳喂养会影响智商这个假设，随机抽取输入（喂养方法）水平各不相同的样本进行研究。由于测量智商或分辨婴儿是否接受母乳喂养的方法都很明确，因此数据挖掘的风险很小。但是，无论母乳喂养与智商之间的相关性有多大，这种相关性都有可能是由普遍变量所引起的，因此，不能简单地断定二者之间存在因果关系。

这个例子告诉我们，**数据并不等同于证据**：如果数据同样能够支持其他的解释，那么我们关注的因素可能并不是**决定性的**。数据只是事实的集合。真正构成证据的是那些能让你区分不同假设的数据——它们能够支持你的假设，并排除备则假设。即便一项研究建立在坚实的数据基础之上，它也可能隐藏着谎言。

在前几章中，我们已经了解了从数据到证据需要一个输入水平不同的对照组——例如，没有经历过收养的首席执行官、不深究"为什么"的公司以及随意交易的投资者。但是如果这些输入的差异是**内生的**，而非随机的，那不同水平的输入也不足以构成有效的对照组。换句话说，某些普遍变量影响了输入，并进而影响了输出。输入的差异可能是内生的，这主要有以下三个原因：输入基于个人的自愿选择、输入和某些其他特质相关联，或者输入是另一个过程的结果。

许多关于人的研究都把**自愿选择**作为一个关键输入变量。但人们的选择并非随机发生的——妈妈们不会一睁眼就突然把奶瓶给扔了；相反，她们的决定是基于诸多普遍变量之上的。也许更多的家庭支持能帮助妈妈们坚持母乳喂养，这种家庭环境也对孩子的智商产生了积极影响。"对抗肥胖的新理念"这项研究就受到了自愿选择的干扰，阿特金斯就是在其基础上创立了自己的减肥法。[○]人们接受食疗并非出于偶然，他们是出于减肥的意愿有意为之；这一愿望可能也会推动他们进行锻炼，而导致他们体重下降的其实是锻炼，而非食疗。这里的普遍变量就是减肥的意志和决心。

有些研究专注于人的特质。虽然这些特质并非出于自愿选择，但因为它们**与其他特质相关联**，所以它们仍然是内生的，也可能是那些其他特质推动了输出。一篇知名的文章开篇

○ 这项研究实际上并没有对照组——它只是表明遵循这种饮食习惯的被试体重变轻了。即使有一个由未接受食疗者组成的对照组，并表明他们的体重没有变化，也不能得出食疗能导致体重减轻的结论，原因如文中所述。

写道："安永会计师事务所和牛津大学赛德商学院的一项新研究显示，优先考虑员工情绪的领导者的成功概率比其他人高出2.5倍。"文章并没有给出这项研究的链接，安永会计师事务所[5]和牛津大学[6]在报刊上发布的文章也不包含这项研究，因此没有人能核实研究中是怎样判断领导者是否真的优先考虑了员工情绪。不过，就算研究人员有完美的评估方法，这个结论也可能和许多其他特质相关。也许情商高的领导者智商也高，而智商才是成功的关键。或者，那些关心员工感受的老板通常也是更优秀的人力资源管理者，而人力资源管理的其他技能——比如对员工的指导、培养和授权——才是他们成功的原因。

某项输入可能是内生的第三个原因在于，这项输入是**另一个过程**的结果：某些特定的因素导致了公司、城市和国家的现状。2020年，随着新冠疫情的爆发，有研究指出，空气污染的加剧和新冠病例及死亡数更多之间存在关联，其中甚至包含了一些涉及因果关系的断言，比如"空气质量的恶化使得新型冠状病毒[7]的致命性增强"。报纸头条写着"'令人信服的'证据表明空气污染加剧了冠状病毒的影响"，副标题则是"独家：迄今为止对新增感染、入院和死亡病例剧增的最佳分析"。[8]

我日常通勤主要依靠自行车，但在伦敦市中心骑行常常很不愉快。因此，像我这样的环保主义者很愿意相信这个研究的结果，并借此宣扬抵制污染的行动——但这其中有一个重大缺陷。高污染并不是城市自愿选择的，也不是城市与生俱来的特征，它通常是另一个过程的结果，它仍然是内生的：某些特定因素会导致城市污染，而这些因素也会促进冠状病毒的传播。例如，高人口密度是加剧污染和加速冠状病毒传播的共同原因。你不需要任何统计天分，仅凭常识就能得出另一种可能的解释——但当我们被确认偏误影响时，这种显而易见的解释往往就被忽略了。

这为什么重要

为什么区分相关性和因果关系如此重要？从表面上看，研究的结果只是对现实的一种**陈述**。例如，母乳喂养的婴儿各方面会更好，接受食疗的人体重确实会下降，污染更严重的城市冠状病毒传播得也更快。这些说法并非不正确——母乳喂养的孩子智商确实更高——如果你只是基于这些研究结果简单得出一个概况，那也没什么问题。就像以英文字母"U"开头的国家（如美国和英国）比世界平均水平更富裕，但没有人会以此来推断更改国名就能提高国内生产总值。

当我们从某个陈述出发对世界进行推断并做出**预测**时，问题就出现了。如果母乳喂养的婴儿智商较高，那么一位妈妈可能会认为放弃奶瓶喂养就会让她的孩子更为成功。但是，如果智商较高是由不吸烟等普遍变量造成的，那么改变喂养方式不会有任何影响。事实上，这反而会分散她对真正的解决方案，也就是戒烟的注意力。

从特定陈述出发做出推断往往极具吸引力，甚至连全球最具影响力的公司也会陷入这样的误区。2017 年，麦肯锡发布了一份颇具影响力的研究报告，声称那些更着眼于长远发展（例如，通过增加投资）的公司会有更出色的长期业绩。这只是对所观察到的情况的一个陈述，但他们却据此做出了一个大胆的预测：如果所有美国公司都开始采取长期导向的行动，那么未来十年经济规模将额外增长 3 万亿美元。基于这一惊人的结论，《哈佛商业评论》发表了一篇关于该研究的文章，标题同样耸人听闻："终于，我们证明了高瞻远瞩的管理是有回报的"。

　　在这一推断中，可能存在好几个普遍变量在发挥作用。其一是不同的行业。如果公司所处的行业（如电动汽车）在不断发展，公司自然会加大投资，该行业的发展也会推动公司股价上涨。比起英国帝国烟草公司，特斯拉的新增投资更多，业绩也更好，但特斯拉获得的超额回报更多是由于其所处的行业，而不是投资额度。如果帝国烟草公司的投资额增加两倍，获得的回报将不升反降，因为在烟草这样正在衰退的行业，投资机会很有限。幸运的是，有一些足够敏锐的读者向《哈佛商业评论》提出了质疑，以至于他们在"误解之梯"上退回了一步，将标题改为"终于，有证据表明高瞻远瞩的管理是有回报的"[9]。但他们应该向回退两步，因为这项研究只有数据支持，缺乏确凿的证据。

　　作为读者，我们应该警惕从陈述直接跳跃到预测的做法。我们之前讨论了为什么一些新闻往往是毫无意义的，像"这样做的人更成功"、"那样的公司利润更多"和"具有某些特质的国家更幸福",因为这些表述并不具有统计学显著意义——优异的表现可能完全是随机的。还有一个问题:尽管这些说法严格地描述了相关性,但读者往往将其误认为因果关系——如果你这样或那样做,你也会变得更好。然而,可能存在大量与那种行为或特征相关联的普遍变量,正是那些变量导致了观察到的结果。在这种情况下,我们应该问自己:**输入和输出是否受到同一个普遍变量影响?**

更糟糕的是,这些头条新闻不仅受运气和普遍变量的影响,通常还存在另一些问题——也是本书的每一章都在强调的问题。2023 年 4 月,领英上的一篇帖子大肆宣扬"经过 11 年多的考验,最受信任的上市公司依然表现出色",并附有一张图表,显示受信任的公司表现良好。该帖子的作者提到了我,希望我会印象深刻,但我的反应恰恰相反。这个帖子是由"美国信任联盟"的创始人发布的,所以她希望这个结果是真实的(如第一章所述);它给人一种非黑即白的感觉,认为信任总是会带来回报(如第二章所述);它没有提到研究中是如何衡量信任的(如第三章所述);⊖ 没有检验这种突出表现是否具有统计学显著意义(如第四章所述);我们不清楚研究人员尝试了多少种不同的方法来衡量信任(如第五章所述);而且受信任的公司可能在其他方面与众不同,比如有一个伟大的领导者

⊖ 信任的一个组成部分是稳定的财务业绩。几乎可以说,有稳定财务业绩的公司会表现得更好;但这与信任无关。

（如本章所述）。[⊖]

　　然而，人们立刻在评论区用老生常谈来附和，比如"这数据太震撼了""内容可靠"——他们可能都没点进去看过这个研究的链接。不幸的是，这种情况司空见惯，不是什么特例。选择一组人、公司或国家，然后证明他们或它们更为出色，这做法极为常见——在商业报刊的文章、咨询公司的研究报告以及自诩为专家的演讲中比比皆是。看到这样的说法，我们得先停下来，想想看我们之前提到的六个问题中，有没有哪个是适用于当前情况的。[⊖]

　　大胆的预测总能激起最大的波澜。麦肯锡的研究尽管存在缺陷，却因承诺如果公司遵循其建议，将会有 3 万亿美元的收益从天而降，而疯狂传播。同样，如果有一篇文章承诺能将公司利润提升 142%，或者将运动成绩提高 79%，那么你会迫不及待地去阅读，生怕错过了什么；如果一本书保证每周只需要工作四小时就能成功，你可能会马上放下手里的咖啡，赶紧下单订购。

　　然而，那些夺人眼球的数字实际上应该引起我们的警觉——它们应该促使我们停下来思考这些数字是否可信。如果

⊖ 该帖子还有一些我们尚未讨论过的问题，比如几乎不可能提供证据（第八章）。

⊖ 例如，《哈佛商业评论》有一些文章的标题类似于"践行'自觉资本主义'的企业业绩要好 10 倍""投资可持续行业的公司财务业绩更佳"，以及"社交网络更广泛的 CEO 创造的公司价值更高"。

真的有一种简单的技术能将利润提高 142%，那么所有那些不采用这一技术的公司很快就会倒闭。如果你真的每周只需要工作四小时——就算是 24 小时——就能达到顶尖水平，那么世界上绝大多数顶尖管理者、科学家和电影导演都在做无用功。相比之下，一份关于你如何将（打个比方）击球率从 0.280 提高到 0.320 的报告不可能上头条，但这样的研究更可能建立在坚实的数据基础之上。

正如童话故事里的金发女孩希望她的粥不太烫也不太凉，最令人信服的统计数据不会过高也不会过低。在第四章中，我们解释了输入和输出之间的关联需要具有统计学意义，关联性要足够强以至于不太可能仅仅是出于偶然。现在，我们需要增加第二个条件：这种关联不能过强，以至于不可信。

我们已经解释了要实现从数据到证据的转变，需要控制普遍变量。但"控制"究竟是什么意思，我们又该如何做到呢？接下来，我们将仔细审阅一篇我自己的论文，看看我是如何处理这些棘手问题的。

消除其他疑虑

"再坚持一个小时。"我告诉自己。我努力对抗着困意，现在已经凌晨 2 点了。我还在摩根士丹利公司的办公室里，准备老板希望在上午 9 点前看到的演示文稿初稿。我们正努力向客户展示自己的实力，确保竞争对手出局。我熬夜计算着这样做的每一笔成本和收益。资料的最后一部分是一个"瀑布图",生动地展示了我们的计划多么巧妙。从客户当前的市值出发,加上每一项潜在收益,减去每一笔潜在损失,最终结果比开始时高。

我草拟了我想要的瀑布图的样式,疲惫地走向电梯,把设计交给美工团队打磨。接下来我会检查文稿中是否有灾难性的错误,比如图表间线条粗细的不一致,设计师在一旁专注地工作。如果一切进展顺利,一个小时之后我就能回家了。

我走到电梯前,看到一张我之前从没见过的海报。海报上展示了一组石头,每一块都完美平衡地立在另一块上面。这种平衡非常独特——石头并非水平摆放,而是垂直地用最尖的那一端立着。虽然我已经昏昏欲睡了,但还是忍不住停下来欣赏画面之美。我读着海报上的文字,原来这是在宣传摩根士丹利的新项目"平衡工作",旨在鼓励员工更好地实现工作与生活的平衡。为了使这个项目显得时髦,"平衡工作"中没有用任何大写字母,而且"平衡"一词的字体线条比"工作"要粗——在这家公司,这可是罕见的字体粗细不一致的例子——这暗示着,比起工作,我们的老板更加重视平衡。

这些话说得很好听,但在凌晨 2 点看到这样的海报,还是让我苦笑了一下。然而,摩根士丹利并非个例——每家投资银行、律师事务所和管理咨询公司都会发表这样宏大的声明,宣称员工是公司最宝贵的财富,它们会像对待家人一样对待员工。但实际上,很少有公司能言行一致。相反,它们的行为似乎表明，实现利润最大化的途径就是尽可能地压榨每一位员工。

它们会不会搞错了？如果员工没有过度劳累，他们犯的错也会更少；如果对他们的监管较少，他们也不会偷懒，而是寻求创新。我在麻省理工学院攻读博士学位时决定检验这个假设——那些对员工更好的公司是否业绩也更好。我用"美国最适合工作的 100 家公司"[⊖]的名单来衡量员工满意度，用股东回报来评估公司的业绩。这样就有了我在第五章中提到的，心怡问过我的那篇论文。

我头疼的点在于普遍变量。例如，谷歌经常位居最佳公司名单榜首，股东回报率也很高。然而，这可能与员工满意度无关，而只是因为谷歌是一家科技公司。科技公司的员工往往会更快乐，因为他们的工作富有创造性和独立性，整个科技行业也蒸蒸日上。相比之下，煤矿开采条件艰苦，而且这个行业不断衰退。这其中的普遍变量是行业本身。

解决这个问题似乎并不太难。你可以通过将每家最佳公司

㊀ 对于衡量员工满意度，有许多可行的方法。那么我该如何让读者相信，我所选用的衡量标准并非故意筛选用来支持自己的论点呢？我选择这份名单作为衡量标准是基于两个原因。首先，这份名单 1984 年就有了，所以我有 28 年的数据，而不仅仅是一个单独的数据点（我的论文是在 2012 年发表的，所以我的数据截止到 2011 年）。其次，这个名单的调查非常彻底，每家公司调查 250 名员工，调查问题涉及可信度、公平性、尊重、自豪感和团队精神等。

与其同行业的非最佳公司进行比较来创建一个对照——谷歌与
其他科技公司相比，万豪与其他酒店相比，等等。我发现，整
体而言，最佳公司的股东回报每年比同行业的其他公司高出
2.3%，在 28 年内累计高出 84%。$^{\ominus 10}$

但是，普遍变量的问题在于，其列表可能会相当长。除
行业外，公司规模呢？谷歌的特殊可能不仅因为是一家科技公
司，还因为它是一个科技巨头。大公司有时候会比小公司表现
更好，例如，大公司在经济低迷时期更具韧性。还有一个普遍
变量是近期表现，这与一种被称为"势头"的现象有关——最
近价格上涨的股票会继续保持这个势头。另一个普遍变量是股
息。也许能够负担起高额股息的公司也能善待其员工——而推
动股价飙升的可能是高额股息，而不是快乐的员工。如果我要
把同行业中的一家最佳公司和非最佳公司进行比较，且要保证
二者公司规模相似、近期表现相似、股息和这里没有列出的其
他几个普遍变量都相似，那么可能找不到每个维度都如此匹配
的样本。这样的话，我就无法创建一个有效的对照。

解决方案是使用我们在第五章提到的回归分析（最佳拟合
线）。我们当时只有一个输入变量，我们知道在回归分析中输
入变量可以是任意的——女性董事的数量可以是 0、1、2、3、
4 或 34，而不仅仅是高或低。在这里，我们又发现了回归分析
的一个有趣的优势：你可以有任意多个输入变量——你可以同

$\ominus$ 计算公式是 $1.023^{28}-1$。

时将股票回报与最佳公司的排名、所处的行业、公司规模、近期表现和股息全部联系起来。[⊖]那些额外的输入变量被称为**控制变量**。使用这个术语是有意的——通过将某个因素作为控制变量加入到回归分析中，你就"控制了"这个因素。

现在，回归分析表明了，**在不改变其他任何输入变量的前提下**，如果只改变一个输入变量，输出会增加多少——例如，如果一家公司在其行业、规模等方面保持不变的前提下，从非最佳公司转变为最佳公司。这种方法让我能在没有完美的对照组的情况下找到成为最佳公司与回报之间的关联——在没有其他特征都完全相同的非最佳公司作为对照组的情况下。[⊖]

回归分析是控制普遍变量的最佳方法。它很简单——学生可以在 A 类数学课程中学到——结果也容易解释。尽管这种方法如此简单，一些有影响力的研究和书籍却选择了无效的解决方案。让我们来看其中一个例子。

失控

和我们班几乎所有同学一样，我 13 岁开始在伦敦圣保罗

⊖ 更专业的术语是"多元回归"，因为它使用多个输入变量，但通常简称为回归。

⊖ 在添加了所有那些额外因素之后，最佳公司的超额表现现在是每年 4.1%。请注意，这不能直接与之前提到的每年 2.3% 相比较，因为这其中存在许多控制变量，故使用了一种不同的回归方法。

中学就读。有几个男孩在 16 岁时转学过来；其中一个，我叫他蒂姆，和我一起上 A 类数学课，他非常聪明。学校几乎所有的足球迷都支持伦敦的英超球队，如阿森纳或托特纳姆热刺，或者支持曼联或利物浦，蒂姆却支持他们本地的俱乐部，克鲁·亚历山大。我有雷丁足球俱乐部的季票，因为我住在那儿附近，不然没人会自愿支持他们。和克鲁一样，雷丁也在英超之下的联赛中竞争，所以我们很自然地建立了联系。通常来说，课间休息和午餐时的聊天通常不会涉及政治，但蒂姆和我在不平等问题上看法相似，整个年级的男生里，可能只有我俩会庆祝工党赢得 1997 年的英国大选。

我们后来考上了不同的大学，但一直保持联系。我去美国攻读博士学位后，我们的联系就断了。回到英国后不久，我就参与了关于高管薪酬的政策讨论。我在社交媒体上分享了一些我的文章，而蒂姆是极力反对首席执行官获得高额薪酬的。他引用了一本名为《公平之怒》（*The Spirit Level*）的书来支持他的观点，我说我没读过这本书。蒂姆给我邮寄了一本，几天后，我收到了。书的副标题是"为什么平等对每个人都更好"。

对每个人来说都是如此吗？富人也不例外？这是一个很大胆的观点，我想知道它是否也采用了非黑即白的思维方式。但是，书的封面上印着《经济学人》杂志的推荐语——"证据难以辩驳"，工党时任党魁艾德·米利班德（Ed Miliband）和保守党时任首相戴维·卡梅伦（David Cameron）也给出了类似的赞扬。政治立场对立的领导人同时支持一本关于不平等这样具有政治争议话题的书，这一定意味着证据确实无可辩驳。

作者凯特·皮克特（Kate Pickett）和理查德·威尔金森（Richard Wilkinson）收集了一个国家国民身体健康、心理健康、肥胖和其他八个方面的数据。他们绘制了 11 条最佳拟合线，每条线都把收入不平等和不同的结果联系起来，并断言不平等对每一种结果都产生了负面影响。他们声称，不平等是**导致**负面结果的根源，正如书的副标题"为什么平等对每个人都更好"所指出的。

但是，可能存在许多普遍变量。一个显而易见的变量是贫困——较贫穷的社会往往更不平等，健康状况以及其他表现也更差。如果导致健康状况不佳的是贫困，而不是不平等，那么政府应该着重提高穷人的收入：减少富人的财富无济于事。

皮克特和威尔金森声称，他们通过绘制另一条最佳拟合线关联贫困与健康状况，结果发现斜率并不显著，以此来解决这个担忧。但是，任何上过 A 类数学课的中学生都能看出来这不是一个有效的解决方案。新图表显示**贫困与健康状况无关**——这与作者试图证明的结果大相径庭。他们的核心论点是**不平等与健康状况有关**。为了证明这一论点，他们需要证明**在控制贫困因素**——即保持贫困水平不变的前提下，这一关联仍然成立。

要证明这一论点，唯一的方法是在一次以健康状况为因变量的回归分析中同时考虑贫困和不平等，而不是分别进行两次独立的回归分析。这种方法比较了两个贫困程度**相同**但收入不平等程度**不同**的国家的健康状况——在保持贫困程度不变的前提下，单独改变不平等程度。实际上，西蒙·兰博蒂（Simone Rambotti）进行了这样一项研究，他发现在控制了贫困这个变量后，收入不平等与健康状况之间的联系显著减弱了。[11]

蒂姆现在是一名大学讲师，教授统计学——然而，确认偏误导致他在阅读《公平之怒》时忘记了学生时代曾学过的那些统计学知识。不仅是蒂姆，戴维·卡梅伦和埃德·米利班德也有同样的情况。许多可能和我一样不喜欢不平等的读者都被欺骗了。紧接着，和我提到这本书的人是当时英国皇家统计学会的执行董事——你可能会希望他理解统计学，在与我讨论首席执行官的薪酬时，他却认为书中的结果无懈可击。

普通民众也陷入了这种陷阱。读者"penpushing1"为这本书写下了五星好评，认为它"及时又有力地确认了我们所有人内心深处早已知道的事实"，在亚马逊上获得了最多的点赞。这就是问题所在——"penpushing1"给出了满分，因为这本书支持了他／她认为正确的事情。亚马逊上那些负面评价提到了一本声称要驳斥这本书的书，克里斯托弗·斯诺登（Christopher Snowdon）著的《精神水平的错觉》（*The Spirit Level Delusion*），于是我也看了看这本书。点赞数最多的一星评价来自用户"Grifo"，结尾处写着："你对这本书的看法主要取决于你的立场。不用猜也知道我的立场是什么。"这其中的偏见显而易见。

灯下黑

在回归分析中，我特别强调了一点，那就是你可以根据需要，加入尽可能多的控制变量——但你能控制的只有你能观察到的因素。例如，对于母乳喂养，你可以测量妈妈的智商，但你能测量她们的耐心吗？更有耐心的妈妈可能更倾向于母乳喂养，也更有可能给婴儿读书，从而提升婴儿的智商。你无法控制耐心这个变量，因为它无法被直接测量。回归分析只包含能观察到的内容，这就像只在路灯下找钥匙的醉汉，因为那里有光。如果普遍变量无法被观察到，那么我们就需要使用其他工具将数据转化为证据，我们将在第七章中讨论这一点。

有一个好消息。你无法控制每一个普遍变量，实际上，你也不需要这么做。某个因素只有在与输入和输出都相关时才需要加以考虑——它必须同时影响输入和输出。如果只影响输出，那在回归分析中忽略这个因素也不会影响斜率。[⊖] 这一点很重要，因为你不可能控制影响输出的每一个因素。一个国家的健康状况可能取决于这个国家的饮食或健身设施的质量。这些因素很难衡量——把泰式炒河粉作为国菜是否比把西班牙海鲜饭作为国菜更有益于健康？但如果这些因素与不平等没有关联，那么也就无关紧要。

⊖ 排除控制变量不会影响系数（斜率），但会降低统计显著性。因此，如果你已经有了显著的结果，那么没有控制与输入无关的因素的失误，并不会影响你的结果，因为如果你真的控制了它，显著性甚至会更高。

　　有时某个因素可能与输入变量相关，但这种相关性的方向与预期相反，从而和你的理论背道而驰。例如，极端天气很可能会对人们的健康产生负面影响，但它也可能减少不平等，因为与天气相关的灾难会使全民财富缩水。你不能仅仅因为皮克特和威尔金森没有将极端天气因素纳入考量，就草率否定他们发现的收入不平等与健康之间的负相关性。气象灾害会使不平等和健康水平同时下降，使二者朝着同一个方向变化，从而呈现出正相关关系——这与皮克特和威尔金森的发现相左。相比之下，贫困会加剧不平等并损害健康，导致两者呈现负相关，这正是《公平之怒》一书里所阐述的。因此，对于皮克特和威尔金森所发现的结果，贫困是一个合理的替代解释，而天气不是。

　　你是否需关注一个普遍变量，取决于它是否构成竞争理论。如果一项研究没有对某个因素加以控制，但该因素很可能与输入变量不相关，或与输入变量的关联方向相反，那么这就不构成问题。这再次凸显了常识的重要性——需要思考一个缺失的因素在现实生活中如何与输入变量相关联。如果我们对某个研究持有偏见，可能会片面地怀疑，并无端指责"作者没有控制首席执行官的发色"——但其实这是完全没必要的。

　　目前为止，我们已经讨论了与普遍变量相关的问题，包括如何处理它们、如何不处理它们，甚至你是否需要处理它们。我们接下来将讨论为什么相关性并非因果关系的第二个，也是最后一个原因。

本末倒置

就像琳琅满目的香烟品牌一样，戒烟的方法也是五花八门，比如尼古丁贴片、电子烟、口香糖、催眠、针灸……甚至学习织围巾。但没有任何一种方法是万能的：吸烟者经常需要尝试好几种方法，经历无数次希望的破灭，才能最终戒掉烟瘾。即使他们成功了，关于戒烟的研究结果也不太乐观。一些研究发现，戒烟会增加死亡的概率。[12]

停止吸烟 ——————————————————→ 死亡率

这是怎么回事？希望到目前为止你保持足够的警惕，意识到相关性不一定是因果关系——不太可能是戒烟导致了更高的死亡率。但是，其中的普遍变量可能是什么尚不清楚。大多数对戒烟有帮助的东西应该会降低死亡率：它们与死亡率的关联方向是负的，所以我们不需要担心。新一年的健康生活计划不仅鼓励人们戒烟，还鼓励人们选择更健康的饮食，坚持锻炼。

这其中的问题并不是输入变量被普遍变量影响了——相反，是输出本身在驱动输入。这被称为**逆向因果关系**，可以这样来表达：

停止吸烟 ←—————————————————— 死亡率

当医生告诉吸烟者他们患肺癌的风险很高时，许多人会痛定思痛，决定戒烟。是对死亡的恐惧促使人们戒烟，并不是戒烟本身导致死亡。同样，患者在就医后，往往会变得更虚弱。并不是去就医导致你生病；相反，你是在快要生病、身体不适时去看的医生。

这两种情况都揭示了"**后此故因此**"的逻辑谬误。如果输出是在输入之后发生的——你先去就医，然后生病了——我们可能会认为是就医导致你生病了。但实际上，你是在预期某个特定的输出（你感受到了生病的前兆）的情况下，才选择了这个输入（去就医）。这就好比不是你撑开雨伞导致的下雨。

在上面的案例中，逆向因果关系导致相关性的符号方向发生了反转，从正相关变为负相关，或者相反。确实，戒烟降低了死亡率，但我们没有在数据中看到这一点，因为面临死亡的风险很大程度上提升了戒烟的可能性。后者掩盖了前者，导致整体上二者间呈现正相关。

在另一些情境中，逆向因果关系虽然增强了相关性，但并没有改变相关性的方向，这可能会让你误认为存在某种影响，而事实并非如此。在《公平之怒》一书中，不平等对健康的影响可能并不存在；相反，是健康状况不佳导致了不平等现象。当人们生病时，他们就无法工作，并且不得不动用存款用来支付医疗费。

如果输入变量是基于个人的自我报告，就特别需要警惕逆向因果关系。不妨回顾一下艾利克森的文章，文中提到，学生们被要求估算过去 18 年练习小提琴的总时长。他们的记忆已经很模糊了。小提琴高手可能会认为自己演奏如此出色，必定是努力练习才达到这个水平，从而报告了很长的练习时间；而表现平庸的人可能不愿意承认他们练习了很长时间，不然他们就得面对辛苦练习却成效甚微的事实。当下的成功水平会影响个体对自己练习时长的回忆——是成功了之后他们才报告自己的练习时长，而不是报告的练习时长导致了成功。这与巴里·斯托的研究不谋而合，其中那些自认为预测准确的小组往往会声称他们的团队充满凝聚力。

在这些情境中，问题显而易见——**输出会影响输入吗？** 如果答案是肯定的，并且这种影响的方向与所展示出的结果一致，那么逆向因果关系就起作用了，这样的数据就不能作为证据。

小结

- **数据不等同于证据**，因为数据可能不是那么**可信**。相关性可能不等同于因果关系，因为可能存在**普遍变量**，这些普遍变量同时影响输入和输出。

  ◎ 妈妈的智商高可能会增加母乳喂养的可能性，也会提高孩子的智商，而不是母乳喂养提高了孩子的智商。

  ◎ 诸如"这样做的人更成功"的陈述毫无意义，因为这样做的人可能在其他许多方面都表现不同。

- 输入变量可能是**内生的**（非随机的），三个主要原因如下——这些原因解释了为什么影响输出的因素可能同时也会影响输入。

  ◎ 它是出于自愿选择（控制饮食）。

  ◎ 它与其他特质相关（情商高的老板也可能智商高）。

  ◎ 它是另一个过程的结果（人口密度导致空气污染）。

  ◎ 提问：是否可能存在其他因素导致了这个结果？这个"其他因素"是否也可能与输入变量相关？

- 如果输入变量是内生的，我们还是可以用相关性对数据进行准确**陈述**，但不能用它做出**预测**。我们应当特别警惕那些承诺采取某种行动就会产生明显不合常理的效果的预测。

- 要处理普遍变量，可以在同一回归分析中控制这些变量。

  ◎ 你无法控制不可观察的普遍变量。如果这些普遍变量的效果与你的结果相反，即它们驱动输入和输出的方向与你发现的方向不同，也没关系。

- 相关性不是因果关系的第二个原因是**逆向因果关系**：输出影响了输入。

目前为止，第二部分，特别是这一章，可能展现了一幅凄凉的图景。我们似乎无法证明任何事情。即使我们先提出了一个合理的假设，然后用代表性样本测试、控制所有可观察的普遍变量，并最终证明不同的衡量标准和抽样标准的可靠性，我们仍然面临着不可观察的普遍变量或逆向因果关系的问题。

　　但是，在深入探讨了所有陈述、事实和数据的不可信之后，我们仍然抱有希望。下一章会解释你如何能将数据转化为证据——排除其他解释并支持某个特定的假设，而不仅仅是展示它们之间的一致性。

第七章　当数据成为证据

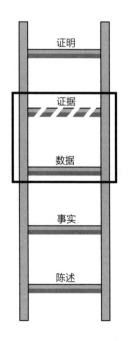

家长们终于成功地克服了母乳喂养还是奶瓶喂养的难题，为孩子咿呀学语而欢呼雀跃，看着他们蹒跚学步，满是欣慰和

自豪。紧接着，他们又迎来了另一个重大挑战——孩子的教育问题。在母乳喂养还是奶瓶喂养的问题上，家长们曾争论不休；在孩子的学校选择问题上，应给予家长多少选择权，也引发了同样激烈的分歧。

有些人认为学校之间的竞争能促进更好的表现，就像市场自由促使各公司纷纷提供最优质的产品一样。这种理念体现在了美国的特许学校（charter school）和英国的学院（academy）模式上，这些学校独立运营，不受地方政府管理。

反对者们也争先恐后地表达自己的观点。他们指出，在自由市场中，人们自主做出决定，但教育本质上是一种集体活动——孩子们会互相学习。在自由选择的教育体系中，那些孩子智力出众的家长可能会把他们都送入同一所学校，这种做法会阻碍不同能力水平的学生之间的互动和学习。同样，对数学和科学有兴趣的孩子们会集中在某些学校，这意味着他们在人文和艺术领域的发展可能会受限。整体来看，对每个孩子而言的最佳选择，对整个社会而言未必是最佳选择。

在这场辩论中，哪一方是正确的呢？正如所有辩论一样，我们需要看证据。在大多数国家，让孩子就读居住地学区的学校要容易得多，因此家长们会选择住在那些拥有最好的学校的学区。在一些城市，这并不太难。以波士顿为例，市中心30分钟通勤范围内有70个学区。$^{\ominus}$家长们可以任选其一——选择

$\ominus$ 这个数据来自于卡罗琳·霍克斯比（Caroline Hoxby）的论文，我们稍后会讨论这篇论文。自她撰写论文以来，通勤时间可能已经发生了变化。

这 70 个学区中的任何一个，同时还能轻松地通勤上班。相比之下，迈阿密的戴德县学区几乎覆盖了整个都市地区，除非你愿意忍受长时间的通勤，否则你就得接受这个学区。因此，大都市里，学区的数量是衡量学校间竞争程度的一个良好指标，进而也反映了家长的选择范围。⊖

假设我们从数百个学区收集数据并进行回归分析。我们会发现，在那些拥有更多学校选择的城市中，孩子们的表现会更好，例如，波士顿的孩子比迈阿密的孩子们表现更好。如果我们坚信市场自由，我们可能会把这种相关性视为因果关系——将其作为竞争能提升教育表现的证据。

这个时候，我们的理性系统 2 应该发挥作用，提醒我们任何相关性都有两种可能的解释。首先是**反向因果关系**的可能性。孩子学业表现不佳可能会导致学区数量的减少：因为表现不佳的学区可能会为了节约开支而选择合并。其次是**普遍变量**：如果家长高度重视教育，他们不仅会争取更多可选择的学校（增加学区数量），还可能会在家中加强对孩子的辅导（进而提升孩子的学业成绩）。由于无法量化家长对教育的重视程度，所以我们无法在分析中控制这一变量。

面对这种情况，我们该怎么做呢？为了理解如何从相关关

⊖ 学区之间为了吸引学生而展开竞争，这是因为学区的预算是在学区层面而非单个学校层面确定的。这种安排的部分原因是，某些特定项目（比如针对残疾儿童的项目）是在学区一级实施，而不是在单个学校内部进行。

系推断出因果关系，让我们先看一看研究人员如何解决一个比孩子教育更为关键的问题——一个生死攸关的重大问题。

随机如何成就精确

在大发现时代，费迪南·麦哲伦（Ferdinand Magellan）、瓦斯科·达伽马（Vasco da Gama）和弗朗西斯·德雷克爵士（Sir Francis Drake）这样的传奇船长出海远航，航迹远远超出了当时地图所绘制的范围。那是探险家们首次穿越大西洋、太平洋和印度洋，征服新的土地的时代。他们满载着财富和知识胜利归来——但也有很多船员葬送了生命。航海虽然光荣，却充满了危险，无数船员因战争、海盗和恶劣气候而丧生。然而，与最大的威胁——坏血病相比，这一切灾难都显得微不足道。

坏血病尤为残酷，患病后最初的症状是极度乏力，就连最轻微的动作都成了一项艰巨的任务。随着病情的恶化，患者的牙龈开始出血，散发出腐烂的肉味，牙齿松动，四肢出现溃疡，并很快发展为坏疽。剧烈的疼痛如同火焰般在肌肉、关节和骨骼间蔓延、燃烧。最终，患者会因心脏或大脑出血而死，这反倒是令人欣慰的解脱。

在 1500 年至 1800 年间，大约是克里斯托弗·哥伦布（Christopher Columbus）开始前往美洲航行的时期，同时也是理查德·特里维西克（Richard Trevithick）发明蒸汽火车的时期，有 200 万水手因坏血病而丧生。这一疾病太过严重，以至于船长们都认为，任何一次重大航行中都会有一半船员因此丧生。历史学家斯蒂芬·鲍恩[1]（Stephen Bown）认为，寻找治疗坏血病的良方成了"决定国运的重要因素"。如果哪个国家能攻克坏血病，将会获得极大的军事优势。

在绝望的驱使下，探险家们几乎尝试了任何可能的疗法，有的令人反感，有的很怪异。在驶向东印度的航行中，瓦斯科·达伽马曾命令水手们用自己的尿液漱口。其他尝试包括所谓的"硫酸仙丹"，实际上主要成分是硫酸，还有一种奇特的混合物，由大蒜、芥末籽、没药和秘鲁香脂（由吐鲁香树中提取）混合而成。

这简直是胡来。船长们在绝望中拼命寻找治疗方法，试图抓住救命稻草，他们无暇去构建一个系统来确切地判断哪种方法真正有效。比如说，即使用粉剂比用药剂康复率更高，这其中也可能存在许多普遍变量。可能接受药剂治疗的人病情最严重——你得绝望到极点才会开始喝硫酸——所以无论如何他们都会死去。另一种可能是，做出决定的探险者本身就是一个普遍变量。如果决定用粉剂治疗的船长们取得的治疗效果最显著，这可能是因为那些能够获取稀缺原料的人也能够在其他方面更好地照顾他们的水手。这种治疗方法是**内生的**，所以才有了所有这些其他解释的出现——治疗要么是由水手们选择的，要么是由船长们指定的。这种选择可能与多种普遍变量相关，比如疾病的严重程度和探险家掌握的资源。

1747年，詹姆斯·林德（James Lind），当时索尔兹伯里号上的随船医生，通过使治疗方法**外生**来解决这一问题——即通过随机分配治疗方法，使其与任何普遍变量无关。他任意地给水手分配了疗法，水手和船长对谁接受哪种治疗没有任何选择权。林德将12名坏血病患者随机分成6对，每一对患者的"情况尽可能相似"，每对接受不同的治疗方法：第一对每天三次，每次服用25滴稀硫酸；第二对是服用"药糖剂"；第三对是一品脱（568毫升）苹果酒；第四对是每天三次，每次两勺醋；第五对是半品脱（约284毫升）海水；第六对是两颗橙子和一颗柠檬。

下图清晰地阐明了这一点。在林德取得突破之前，治疗方法通常都是内生的。它嵌入在普遍变量与输出之间的系统内，因此有些因素既影响痊愈的可能性，又影响治疗方法的选择。

我们无从得知林德是如何进行随机分配的，但假设他是通过抽牌的方式来决定。这样做使得治疗方法变得外生，因为治疗的选择是由系统之外的某个因素决定的——抽中梅花J也好，方块2也罢，都与水手康复的概率无关。这就是下图中从抽牌到康复之间没有箭头直连的原因。治疗和康复之间的任何联系都不可能是因为抽牌同时影响了两者——恰恰相反，一定是治疗导致了康复。

被随机分配食用柑橘类水果的那对病人康复得非常快，其中一人很快回到工作岗位，另一个能够照顾其他病人。林德的发现是第一个证明柑橘类水果可以治愈坏血病的证据，这一发现最终挽救了数百万人的生命。

往大了说，这也是第一个有迹可循的**随机对照试验**（RCT）的例子。我们在第二章讨论的研究全都是**观察性研究**，在这种研究中，调查者基于现有数据观察个人或公司的行为，并试图进行推断——但总是受到普遍变量的干扰。解决方案是**干预研究**。不同于观察人们的行为，这种研究告诉人们应该做什么，随机决定谁得到什么。如果输入是随机分配的，那么就没有任何因素会导致不同的输入，也就不可能有任何普遍变量。[○]这种情况下，相关性确实意味着因果关系，因此**数据也就成了确凿的证据**。

○ 具体来说，除了偶然性（例如抽牌）之外，没有什么因素会导致不同的输入水平。如果差异具有统计学意义，这意味着输出由偶然性驱动的可能性非常小，因此偶然性不是一个普遍变量。

为什么聊胜于无

随机对照试验是展示因果关系的黄金标准，自林德时代以来，这种方法论得到了进一步发展。林德研究中的缺陷在于，即使是因果关系也可能不足以推动数据转变为证据。即使柑橘类水果导致了康复，仍然可能存在对于其疗效的其他解释。可能不是其中的营养成分，而是安慰剂效应导致了康复。那些被安排吃橙子和柠檬的人可能相信自己会康复，因为与其他所有治疗方法相比，柑橘类水果看起来最可能有效，正是这种心理效应让他们康复。相反，那些被安排喝硫酸的人认为他们抽到了最差的方法，注定会死。

奥斯汀·弗林特（Austin Flint），一位后来成为美国医学协会主席的医生，发现了一个好办法来解决这个问题。他的一个研究表明，一种传统药物可以治愈风湿病——吃这种药物的患者比没有接受任何治疗的对照组恢复得更快。弗林特担心这种改善可能是心理作用的结果——接受了治疗的患者相信他们会好转。另外，对照组并不具备可比性，因为他们完全没有接受任何治疗，自然也就不指望能够康复。他需要的是一个接受了**某种东西**的对照组，但这种东西不具有医疗属性。

1863 年，弗林特进行了另一项实验。他给 13 名患者服用了一种极度稀释的来源于苦木植物的提取物，这种提取物没有任何药用价值。这些患者的病情好转程度和他早期研究中的患者一样，他据此得出结论，传统药物并没有效果。这是已知的第一次使用安慰剂的例子，对照组接受了一种虚假治疗——因此他们不知道自己是对照组。

虽然弗林特是在独立的试验中分别测试治疗药物和安慰剂的，但他的创新为今天在临床试验中广泛使用的——事实上是必须遵循的——"盲法"随机对照试验奠定了基础。研究人员招募志愿者，并随机给其中一半人（**试验组**）一种药物，另一半人（**对照组**）安慰剂。被试对所给的东西一无所知，因此任何结果都可以归因于药物的医学效果，而不仅仅是服用了某种东西带来的心理安慰。

随机对照试验在医学领域的成功推动了它们在其他领域的应用。一项著名研究进行了一项随机对照试验来调查种族歧视。在美国，非裔美国人失业的可能性是白人的两倍；即使他们有工作，收入也较白人低 20%。[2] 对这种现象的一种解释是歧视，但这种现象的捍卫者认为非裔美国人可能工作能力更差。[○] 这其中的普遍变量是能力——也许雇主只是根据能力水平提供工作机会，但由于能力与种族相关联，所以他们雇用了更多的白人。

经济学家玛丽安娜·伯特兰德（Marianne Bertrand）和森迪尔·穆拉伊纳坦（Sendhil Mullainathan）通过一项新颖的随机对照试验来验证这两种相对的理论。[3] 他们建立了一个简历

○ 值得注意的是，教育和工作经验方面的差异本身就可能源于歧视。不过，这种解释表明了对于具有相同资历的非裔美国人和白人受到**不同**对待的情况，需要采取不同的补救措施。

库，其中包含了对波士顿和芝加哥两座城市的四种类型[⊖]的工作岗位发出简历的人员信息。根据教育背景和工作经验[⊜]，玛丽安娜和森迪尔把这些简历分为高质量和低质量两类。然后，他们浏览了《波士顿环球报》和《芝加哥论坛报》上这四个类别的所有招聘广告，针对每一则广告，都从简历库中抽取了四份符合职位期待的简历，其中有两份高质量简历，两份低质量简历。研究的关键步骤是随机给一份高质量简历分配一个听起来像白人的名字，像是艾米丽·沃尔什或格雷·贝克，给另一份高质量简历分配一个听起来像非裔美国人的名字，比如拉基莎·华盛顿或贾马尔·琼斯。他们同样对低质量简历进行了处理，随后发出这四份简历。总的来说，他们共针对 1300 个职位广告发出了 5000 份简历。

研究人员发现，名字听起来像白人的求职者平均需要发送 10 份简历就能获得一次回电，而名字听起来像非裔美国人的求职者则需要发送 15 份——这是一个具有统计学显著意义的差异。为了更好地理解这一点，可以大略地说，从非裔美国人姓名改为白人姓名所能增加的回电次数，相当于增加八年工作经验的效果。

　　⊖ 这些职位包括销售、行政人员、文书服务和客户服务。
　　⊜ 研究人员随后增加了额外的类别，如语言或计算机技能。这强调了简历质量的差异，避免了某些简历处于中等水平可能被任意归类的问题；同时也使得简历更具区分度，从而不会泄露主人的实际身份。

因为玛丽安娜和森迪尔使用了随机对照试验，他们的研究为歧视现象的存在提供了有力的证据。非裔美国人收到更少的回电不能归因于能力差异，因为研究人员没有改变求职者的能力参数，只是改变了名字。这种随机化操作表明，这其中并不仅仅是简单的相关性，而是有着令人心痛的因果关系。

对系统的冲击

鉴于随机对照试验在众多领域的显著成效，你可能会希望将它们用于探讨家长择校是否会提高学校表现的争议。设想中，你可以随机合并一些学区（作为**实验组**），对其他学区不进行任何干预（作为**对照组**），并比较两组的结果。

但这样的实验不仅成本高昂，而且风险重重。合并学区的成本极高，而且，如果竞争确实能够提升教育表现，那么在合并区域内的成千上万的孩子们可能会陷入教育质量下降的困境。这正是随机对照试验的一个关键局限之处：尽管在适用的情况下，这种方法非常有效，但有时将参与者分配到错误组别的后果不堪设想，我们不能铤而走险。例如，为了验证吸烟是否致癌，不可能招募志愿者然后强迫其中的一半人吸烟；同样，为了验证贝尔·吉布森的建议是否有效，不可能对癌症患者进行登记，然后命令其中一半的人放弃化疗，转向所谓的健康饮食。

在这样的情况下，你无法进行干预研究——不能直接干预并改变输入——而是要靠某个现实世界中已经发生的事件将输入区分开来。该事件被称为"**工具变量**"。工具变量导致输入发生变化，但这一变化是由与输出无关的随机原因造成的。简单来说，它是对系统的冲击。然后，你可以观察输入受到冲击后发生了什么，并进行无须干预的观察研究。

经济学家卡罗琳·霍克斯比在一篇著名的论文中把河流作为择校的工具变量，来解决家长们面临的教育难题。[4] 在美国，学区形成于 18 世纪，那时没有汽车，桥梁也很少，穿越河流很困难。因此，学区很少跨越河流，这样孩子们就不需要为了上学而过河了。因此，那些有几条河流流经的大都市地区就被分割成多个学区；由于学区随时间变化不大，这种情况并未改变。

霍克斯比把输入（择校）分解为两部分：可以归因于工具变量（河流）的"外生"部分，以及无法归因于工具变量的（由普遍变量，如家长参与度产生的）"内生"部分。[⊖] 然后，她仅仅将外生部分与输出，也就是学生表现联系起来。普遍变

⊖ "外生"部分也被称为"已解释的"或"已工具化的"组成部分，而"内生"部分则被称为"未解释的"组成部分。你可以通过对工具变量对输出的影响程度进行回归分析来计算"已解释的"部分：这将揭示工具变量在多大程度上可以解释输出。如果存在影响输出的、能观察到的普遍变量，那么这些变量会和工具变量一起包含在"已解释的"部分中。在预估关于学校选择的"已解释的"部分时，霍克斯比考虑了大都市地区的人口、平均收入水平和种族构成等因素，以及河流数量。图中所示的普遍变量是观察不到的。

量不会影响外生的学校选择——它们之间没有箭头连接——因
此任何外生性的学校选择与孩子表现之间的相关性都与普遍变
量无关。

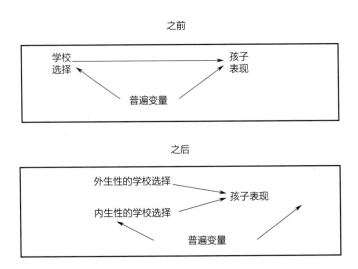

霍克斯比细致地研究了 316 个城市区域的 30901 所学校的
数据。她发现，像波士顿这样由于拥有更多河流而自然形成了
更多学区的大都市地区的教育成果——无论是短期成果，如八
年级学生的阅读分数和十年级学生的数学分数，还是长期成
果，如学生所达到的最高教育水平和他们在 32 岁时的收入，
都要优于像迈阿密这样的地区。霍克斯比的研究被认为是教
育经济学领域的重要贡献，并对全球政策产生了重大影响，
因为工具变量的运用让她能够证明因果关系，而不仅仅是相
关性。

迟钝的工具变量

就像"超级食物"热潮使得公司纷纷将其商品标榜为超级食物一样，不道德的研究者常常滥用"工具变量"这个神奇术语来美化他们的工作，以此宣称存在因果关系，而实际上他们的方法可能是误导性的。那么，我们如何才能辨别真相呢？

一个有效的工具变量需要满足两个基本条件。首先，工具变量必须与输入变量**相关**——它应当能够对输入产生影响。河流是一个相关的变量，因为河流的存在使一个大都市被分割成更多的学区，从而增加了学校选择。其次，工具变量必须是**外生的**——即对输出没有直接的影响，**除非通过影响输入变量**产生影响。除了通过改变学校数量从而改变学校选择，河流本身不太可能影响孩子的学习成绩。河流不会直接导致孩子变得更聪明，也不会间接地让父母们更加关注学校选择。如下图所示，河流与孩子表现之间没有直接关联，所以也不属于普遍变量。学校选择和孩子表现之间的任何相关性都不可能是因为河流同时影响了这两个因素。

要找到符合第一个要求的工具变量很容易，但符合第二个要求的就不多了。例如，向当地媒体写信要求增加学校数量的

信件数量与孩子的表现是相关的，因为公民的教育压力可能会影响政策制定者，从而增加可供选择的学校数量。但是，这些信件的出现并不是随机的——它们是**内生性**的，因为写信是自愿的选择，所以它们可能受到普遍变量的影响。那些积极参与孩子教育的父母可能会写信，而这些父母也可能会直接提升孩子的学业成绩。研究的关键问题是：**工具变量是否可能与输出相关？** 在这个例子里，答案是肯定的：写信可能与孩子的考试成绩有关，因为积极参与孩子教育的父母既会给媒体写信，也会想办法提高孩子的成绩。

第二个要求意味着工具变量应该在某种程度上是荒谬的。一个好的工具变量听起来应该很疯狂——它应该看起来并不能解释输出——但正是这种无关性使它成为外生的因素。如果家长们感兴趣是哪些因素影响了孩子的表现，那么河流这个因素似乎很荒谬。写给媒体的信件不会显得那么荒谬，因为写信的是那些可能会辅导孩子学习的父母。听起来不可思议的工具变量反而有效，而听起来合理的反而无效。

让我们来看一个在非常特殊的背景下有效的工具变量的案例，以练习如何验证其有效性。2000 年，当鲁伯特·默多克（Rupert Murdoch）任命他的儿子拉克兰为新闻集团的首席运营官时，外界纷纷指责他任人唯亲。之后，2014 年拉克兰成为联合执行主席，那时由于他的父亲终于退位，他独自掌握了大权。

反对这么做的人也有自己的理由。如果默多克家族外的某个人会是一个更好的领导者呢？虽然拉克兰接替父亲并非预先注定，但众所周知，默多克会把公司传承给某个孩子。默多克把选择范围限制在他的六个孩子之中，忽略了众多可能更优秀的候选人。但就像几乎所有事情一样，这件事并不是非黑即白的。也许默多克的孩子们比任何外人都更了解公司文化，或者他们有着更长远的事业规划，因为他们希望维护家族声誉，而不仅仅是追逐短期利润。

这场关于继承问题的辩论不仅对默多克新闻集团重要，对所有家族企业也同样重要。世界上一些最有影响力的公司，如沃尔玛、福特、宝马、康卡斯特和戴尔，都是家族企业。在许多国家，家族企业都是相当常见的，因此谁将掌舵公司对整个国家都至关重要。

答案究竟是什么？为了找到答案，我们可以通过回归分析来探究公司绩效与其首席执行官是家族内成员还是外部人士之间的关系。然而，即使我们找到了二者之间有明确的相关性——比如说，首席执行官是家族内成员的话，公司的绩效更差——我们仍需考虑到普遍变量的存在。如果一家公司正遭遇员工士气低落、创新受挫或品牌价值下滑的问题，那么这家公司就很难从外部吸引首席执行官，唯一的选择就是在家族内部物色人选。是这些困难导致公司业绩不尽人意，而不是因为首席执行官来自家族内部。由于许多这些不利因素难以量化，因此在分析时也无法对它们进行有效的控制。

莫滕·班纳森（Morten Bennedsen）和搭档设计了一个独辟蹊径的工具变量来解决这个难题——即考察前任首席执行官

第一个孩子的性别。[5] 这个工具变量具有相关性，因为当第一个孩子是男孩时，前任首席执行官更有可能选择自己的一个孩子作为接班人。考虑到性别歧视，研究人员发现首席执行官更倾向于把业务托付给儿子而不是女儿，并且考虑到长子继承权，如果要选择一个接班人，更可能是他的第一个孩子。这个工具变量同时具备外生性，因为孩子的性别与公司绩效并无直接关联。注意，有效的工具变量往往看起来很疯狂、荒诞——在研究企业成功的论文中，研究第一个孩子的性别似乎很荒谬，但这正是它成为外生变量的原因。作者发现，那些首席执行官的第一个孩子是男孩的公司，其继任首席执行官更有可能来自家族内部，而这些公司的利润也显著较低。这表明，来自家族内部的首席执行官会**导致**更差的公司业绩。

　　孩子的数量是否可以作为另一种工具变量呢？它确实是相关的，因为孩子越多的家庭越有可能将公司维系在家族掌控之中。它是外生的吗？为了确定这一点，我们应该问自己：工具变量是否可能与输出相关？答案是肯定的，因此这个工具变量**不是**外生的。孩子数量的多少可能会直接影响公司绩效，因为孩子越多，意味着有越多的人可以帮助家族企业——即使只有一个能最终成为首席执行官，其他人也可以作为不同的角色贡献力量。正是因为孩子数量这一变量在企业绩效的研究中看起来并不那么荒谬，所以它不是一个有效的工具变量。

　　如果我们无法找到同时满足两个条件的工具变量，怎么办？幸运的话，我们可能根本不需要工具变量。如果系统自然地受到了冲击，我们就无须人为地制造冲击。让我们来看一个这样的例子。

自然实验

关于学校选择的辩论，自由市场倡导者与竞争的批评者之间的分歧日益加剧。他们在另一个更为硝烟弥漫的战场上展开了关于最低工资法的争论。自由市场倡导者认为，最低工资法增加了运营成本，这不仅对公司有害，也对员工不利。一些员工可能完全愿意接受低于最低工资的工作，但却找不到这样的工作；更高的成本也促使公司将工作外包或用机器取代人力。最低工资法的捍卫者声称，重要的并不是工作的数量，而是高薪工作的数量。即使只关注工作数量，其影响也是不明确的——有经济理论表明，在某些情况下，最低工资实际上可以**促进就业**。○

○ 例如，设想一家公司在特定地区是其行业内唯一雇主（这被称为"当地买方垄断"）。由于它是唯一的雇主，它可以设定自己员工的工资，而不用和同行进行竞争。假设，雇用 10 名工人的话，它可以提供每人每小时 15 美元的工资，但要雇用 11 名工人的话，就需要提供每人每小时 16 美元的工资（以从另一个行业吸引这名额外的工人）。如果每名员工每小时产出 20 美元，雇用第 11 名工人似乎是值得的，因为雇用这第 11 名工人带来的收益（20 美元）超过了成本（16 美元）。然而，成本不仅仅是支付给第 11 名工人的 16 美元，还包括额外需要支付给其他 10 名工人的每人每小时 1 美元，因此公司只会雇用 10 名工人。然而，如果最低工资定为每小时 16 美元，公司将自愿选择雇用 11 名工人——它无论如何都需要支付给前 10 名工人每人每小时 16 美元，所以即使雇用了第 11 名工人，也不需要再给他们加薪。

　　大卫·卡德（David Card）荣获了 2021 年诺贝尔经济学奖，如果艾伦·克鲁格（Alan Krueger）还活着，很可能会和他共享这一殊荣。他们曾合作研究 1992 年 4 月 1 日新泽西州将最低工资从每小时 4.25 美元上调到 5.05 美元的决策所产生的影响。他们选择了快餐行业作为研究对象，因为这个行业中大多数员工只能领取最低工资；与餐厅和酒吧员工不同，他们不赚取小费，因此计算他们的收入也就更容易。他们发现的结果令人震惊——最低工资的提高**提升**了就业率。在加薪之前，新泽西州的快餐店平均员工人数为 20 人，加薪后为 21 人。尽管这个差异在统计学上并不显著，但它与最低工资水平的提高一定会减少就业的普遍观点相矛盾。

　　坚定的自由市场倡导者会如何回击呢？他们会采用有动机的推理。回想一下第一章中洛德、罗斯和莱珀的研究，如果引入死刑后谋杀率没有下降，支持死刑的人可能会辩称，如果没有引入死刑，谋杀率将上升得更快。同样，提高最低工资的反对者可能会声称如果不提高工资，实际就业人数可能并不是 20 人。他们可能会争辩说，如果没有提高最低工资，就业人数将会上升到 22 人，因为经济正在蓬勃发展。与这个标准相比，实际 21 人的就业人数也就表明，最低工资的提高降低了就业率。

　　如果最低工资没有提高，那么就业情况会是什么样子呢？大卫和艾伦对其进行了估算，而非仅仅是推测。他们研究了宾夕法尼亚州东部快餐行业就业情况的变化，这个地区紧邻着新

泽西州，两个州的经济条件相似，但宾夕法尼亚州的工资法保持不变。研究结果如下。[○]

	1992 年 4 月前	1992 年 4 月后	差异
新泽西州	20	21	1
宾夕法尼亚州	23	21	–2
差异	–3	0	3

宾夕法尼亚州的平均就业人数从 23 下降到 21——下降了 2。因此，作为一个粗略的估计，我们可以合理假设，如果没有提高最低工资，新泽西州的就业人数也会下降 2。但它实际上增加了 1，这意味着就业人数比不提高最低工资的情况增加了 3。在统计学中，这是一个显著的**增加**。

这种方法被称为**差异中的差异**计算。新泽西州就业人数的变化是 +1，宾夕法尼亚州是 –2。差异中的差异（新泽西州与宾夕法尼亚州就业人数变化的差距）是 1–（–2）=3。

大卫和艾伦的方法可能让人想起随机对照实验。新泽西州的快餐店就像随机对照实验中的实验组（经历了工资上涨）；宾夕法尼亚的快餐店则是对照组（没有经历工资上涨）。实际上，研究人员进行了二次分析，该分析甚至更接近随机对照实验。他们仅测试了新泽西州的商铺，并挑选了在 1992 年 4 月 1 日之前员工时薪 4.25 美元的商铺作为实验组——这些商铺受到了工资上涨的影响。对照组是那些员工时薪在 5 美元及以上的

○ 数据已四舍五入到最接近的整数，以便于展示。

快餐店——新的法律对它们没有影响，就像给它们服用了安慰剂。调查结果与之前相似——原来员工时薪 4.25 美元的商铺的就业人数增加了，而那些原来员工时薪在 5 美元及以上的快餐店的就业人数则减少了。

这种方法被称为"**自然实验**"。在现实生活中，某个事件偶然将样本分为实验组和对照组。研究人员不需要干预并实际进行实验，因为这种分组是自然发生的。他们只需观察数据如何演变，然后进行观察性研究。在本案例中，新泽西州的立法者恰好提高了最低工资标准，而宾夕法尼亚州则保持不变。或者，如果只关注新泽西州，法律变更恰好影响了那些员工时薪在 4.25 美元的商铺，而非那些时薪在 5 美元及以上的商铺，因为法律就是这么规定的。

自然实验是把数据转化为证据的第二种方法。你不需要找一个工具变量来改变输入——或是担心它是否满足相关性或是外生的——如果大自然已经为你完成了这项工作。[⊖]

⊖ 怎么比较自然实验和工具变量法呢？首先，两者都接近于对随机对照实验中的随机分配的冲击。它们之间的区别在于，自然实验中我们感兴趣的输入是随机的。在上面的例子中，我们对最低工资感兴趣，而法律变化直接影响了最低工资。工具变量也随机变化，但我们感兴趣的不是工具变量本身，而是它所影响的输入。在教育选择研究中，我们关心的不是河流的数量，而是学校选择如何影响孩子的表现；在家族继任研究中，我们好奇的也不是上一任首席执行官的第一个孩子的性别，而是首席执行官如何影响公司利润。

非自然实验

正如工具变量可能并不敏锐，自然实验可能实际上并不自然。那么，我们如何识别虚假的自然实验呢？

为了确保自然实验的有效性，我们需要随机的输入，就像在随机对照实验中一样——你不能选择你是在实验组还是对照组。关键就在于"自然"这个词——它必须是自然界（或其他你无法控制的事物，例如法律）造成的影响，而不是研究者自己可以干预的。关键的问题是：**你能影响你所在的组别吗**？

麦肯锡研究院的一项研究将长期行为与长期表现联系起来，作者试图通过单独分析那些"在测试期内经历了'自然实验'而改变前景预测"的公司来阐明因果关系。但这根本不是真正的自然实验。企业可以选择增加投资（在这种情况下，它们最终被纳入实验组）或不增加投资（最终被纳入对照组）。结果可能存在反向因果关系——当公司未来前景乐观时，它们会增加投资，因此是对未来盈利能力的信心推动了当前的支出，而不是当前的支出本身推动了未来的盈利。其中也可能存在普遍变量——优秀的管理者会因为有更好的点子而增加投资，同时这些优秀的管理者也能提高公司绩效。然而，"自然实验"这个神奇的术语却误导了读者，让他们认为作者已经证明了因果关系的存在。

常识的力量

当工具变量和自然实验有效时，确实非常有说服力，但挖掘出真正有效的实验往往非常困难，而且市面上充斥着假冒的实验。那么，如果我们找不到一个万能的方法，备用方案是什么？还有其他方法可以从数据中提炼出证据吗？另一种选择就是依靠普遍的常识。虽然常识不如工具变量和自然实验那样精准可靠，也不能带我们直奔终点，但它仍然可以领我们沿着从数据向证据的道路前进。你可以运用常识来帮助你的朋友或对抗你的敌人——进行一种能支持你的观点或驳斥对方观点的常识检验。

在我对足球赛事的研究中，输球被视为外生变量，因此我们可以断言，股市下行是由输球本身而非普遍变量导致的。但在我们的设定中，即使展示了因果关系，也不足以从数据中提取证据，因为输球导致股价下跌的**原因**存在竞争理论。我们的假设是交易者们因球队输球而沮丧，但另一种假设是股价下跌完全是理性的。也许投资者意识到输球将导致员工在工作中表现不佳，因此他们抛售股票是合理的。

因此，我们又进行了一项额外的测试来**支持我们的理论**。感性故事的桥段里，我们会假设股票市场的交易者也关心国家队的输赢。但实际情况是，许多在英国的投资者是国际人士，他们可能不关心英格兰的失败——有些人可能还会为此庆祝。先前的研究表明，小盘股票更有可能被国内投资者持有，因为它们没有引起外国投资者的注意。大多数非英国居民可能听说过大型制药公司阿斯利康，但可能不知道小规模保险公司切斯纳拉。如果输了球赛真的会影响投资者的情绪，那么它们对小盘股的影响应该更大，因为这些股票大多被当地投资者持有——我们的研究结果证实了这一点。

我们还进行了进一步的分析来**反驳竞争理论**。如果市场对失败的反应是理性的，那么当失败出人预料时，市场的反应该会更负面。我们收集了赛前赔率的数据，发现这些数据与股市下跌的幅度没有关联，这与理性反应的解释是不一致的。[⊖]

幸运的话，同样的测试将会产生一举两得的效果——支持你的理论的同时，也反驳了竞争理论。在一项员工满意度研究中，我控制了行业、公司规模和近期绩效等普遍变量，但我无法控制那些观察不到的因素，比如管理质量——也许一位优秀的管理者不仅会让员工感到快乐，还能提升公司业绩。因此，我检验了分析师的预测。像摩根士丹利这样的投行会聘请股票分析师来预测公司的利润，并给出买入/卖出的建议。这些分析师经常与管理层沟通，因此如果管理质量很高，他们会做出乐观的盈利预测。

⊖ 从情感的角度，赛前赔率难道不应该产生影响吗——一个出乎意料的失败是否比预料之中的失败更能影响投资者的情绪？实际上，并非必然如此——虽然输给冰岛队是意料之外，而英格兰队输给德国队更在意料之中，但后者仍然令人非常痛苦，因为德国队是英格兰队的宿敌。

我注意到，最佳公司的利润持续超出分析师的预测，这表明推动最佳公司成功的并非管理质量（或分析师研究过的任何其他因素）。这一发现不仅驳斥了竞争理论，也支持了我自己的观点：员工满意度高的公司员工工作更有动力、效率更高、稳定性更强，这些因素最终会提升公司利润。[⊖]

小结

- 进行随机对照试验时，**数据就是证据**——比如随机地给一些人分配治疗药物，给另一些人分配安慰剂。由于输入是**外生的**（随机分配的），任何输出上的差异都可以归因于输入，因此，观察到的相关性也就是因果关系。

- 随机对照试验可能成本高昂，如果治疗会造成伤害，那么这种试验可能存在伦理问题。在这种情况下，我们不能自行分配输入；而是需要寻找那些能使得输入随机的自然情况。

- **工具变量**直接影响输入，但并不直接影响输出。一个有效的工具变量必须同时满足以下条件：

⊖ 更准确地说，员工满意度的提升导致股价上涨，其背后的机制在于它增加了利润，这一增长超出了市场预期，就像分析师往往低估了公司的盈利能力一样。因此，当实际收益超出市场预期时，股价自然随之上涨。

◎ **相关性**：影响输入（河流影响学校选择）。

◎ **外生性**：除了通过输入影响输出之外，它对输出没有其他影响——工具变量应该听起来有些"疯狂"（河流并不会影响孩子的学业表现）。

◎ 为了评估一个工具变量是否有效，应该考虑工具变量是否与输出相关（要求提供更多可供选择的学校的信件是无效变量，因为写这些信的父母对孩子要求更高，他们也会帮助孩子提高成绩）。

● 当某个事件，如法律变更，随机地将样本分为实验组和对照组时，这就是**自然实验**。

◎ 为了评估一项自然实验是否有效，应该考虑：你能否影响自己所在的组别？在投资变化的情境中，这种自然实验是无效的，因为公司能自主选择它们的投资规模。

● 有效的工具变量和自然实验就像四叶草一样难得。备用方案是运用常识——进行额外的测试来支持你的理论（例如，证明在你的假设更可能成立的情况下，观察到的结果更为显著）以此来反驳竞争理论。

如果你已经成功地沿着数据到证据的梯子迈出了这艰难的第三步，你可能会认为自己已经到达了顶峰——你有**证据**来证明你的理论。不幸的是，你并没有到达顶峰，实际上你永远无法抵达顶峰。下一章将解释为什么。

第八章　证据并非证明

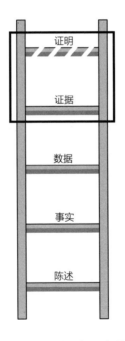

1856 年，弗雷德里克·温斯洛·泰勒（Frederick Winslow Taylor）出生于美国费城一个显赫的贵格会家庭。他的母亲是

一位狂热的废奴主义者和女权主义者。12 岁之前，泰勒一直在家接受母亲的家庭教育。之后，他远赴欧洲学习了两年。作为一名充满潜力的学者，泰勒原本有望像他那拥有常春藤联盟教育背景的父亲一样，成为一名律师。他进入了著名的菲利普斯·埃克塞特学院（Phillips Exeter Academy），并顺利通过了哈佛大学的入学考试。但由于视力不佳，他与哈佛擦肩而过，转而成了一名机工学徒。

1878 年，泰勒学徒期满，进入了费城尼斯镇的米德瓦尔钢铁厂。米德瓦尔钢铁厂生产的钢材大部分都被用于制造重型火炮和坦克，尽管还有一些应用于军事领域之外，比如蒸汽涡轮机和高压容器。泰勒最初在厂里担任车床操作工，但很快就晋升了，最终成了机械车间工头兼首席工程师。

大多数工厂老板将生产力的瓶颈归咎于材料浪费，但泰勒却洞察到症结在于劳动力的浪费。有的工人对最佳技巧一无所知，墨守成规。另一些工人虽然掌握了行业诀窍，但不愿意在工作中使用，因为他们的薪水是按照工作时长计算，而不是按照产量。他们担心生产力提高会导致老板提高每个人的工作量，所以工人们只完成最低要求的工作量，仅足以不被解雇。泰勒将这种行为称为"磨洋工"，就像是应征士兵虽然不情愿但仍然遵从命令，他们既不多做，也不会少做。

泰勒的创新之处在于将行业诀窍转化为一套管理方法。他将一项任务分解成小的步骤，统计每个步骤所需的时间，并将所有时间加起来。这样一来，老板们了解了制造一个小部件所需要的时间，并据此得知要付多少工资。工人工资由按工时计算转为按产量计算，并引入了最低数量门槛。

这种细致入微的分析实现了生产力的巨大提升，但泰勒并没有止步于此。他不仅测量了在现有方法下完成一项任务所需的时间，还在想，也许现有的技术并不是最有效的呢？通过一系列的金属切削实验，泰勒将他的理念提升到了一个新的高度。他进行了多达 30000 次的实验，通过不断变化切削速度、进给量和刀具形状，探寻切削金属的"最佳方法"，寻找这些要素的最佳组合。一旦确定了最佳方法，他就会指导工人严格遵循这一方法。泰勒将他的发现编写成册，书名为《论金属切削技术》（ *On the Art of Cutting Metals* ）。[1]

这样一个书名，没有成为畅销书也不足为奇。金属切削本身并没有问题，但它的读者群体非常有限。试想，如果一个工厂的主业是生产玩具或编织衣服呢？那无论金属切削的艺术多么吸引人，这些理论都无法应用到车间操作中。

因此，泰勒在下一本书中拓宽了其适用范围。这本书描述了他如何将他的技术成功地应用到许多不同的领域中去，比如铲土和砌砖，甚至包括更多脑力劳动，如检查滚珠轴承。他不断实验以找到完成每项任务的最佳方式，关注每个微小的细节。最佳的铲土技巧是"前臂用力顶住右腿上部，就在大腿下方……右手握住铲子的末端，把铲子推入土堆时，不要使用手臂的肌肉力量，那样会很累，而是把重心放在铲子上"。这个妙招把铲土工的人均产量从每天 16 吨提高到了 59 吨。

　　泰勒生动地记录了他如何改变了伯利恒钢铁公司（他于1898年加入的公司）的生铁搬运方式（工人要搬运平均92磅重的生铁）。他通过大量测试找出搬运生铁的最佳方式——每次搬运多少，期间休息多久——然后让员工们遵循这一公式。他在书中讲述了他如何向一名叫施密特的工人解释这一切。

　　明天从早到晚，你们完全按照这个人的指示去做。当他告诉你们搬起一块生铁走的时候，你们就搬起它走，当他告诉你们坐下来休息的时候，你们就坐下来。你们整天都要这样做，而且不允许反驳。

　　泰勒的计划奏效了，施密特的日搬运量从12.5吨增加到了47.5吨。虽然他的命令可能看起来像某种过度管理，但泰勒认为这就像体育教练的建议——正如泰勒所写："这是出于善意，这是教学。"（泰勒在他本人参加的网球比赛中应用这种方法，赢得了美国国家锦标赛的男子双打冠军，这个比赛是美国网球公开赛的前身。）员工们也享受到了高生产力的回报——施密特在钢铁公司的工资提高了61%，从每天1.15美元提高到了1.85美元，他有钱盖房子了。双赢的结局。

　　泰勒于1911年推出了他的下一本力作——《科学管理原理》（*The Principles of Scientific Management*）。[2] 该书阐述了如何利用工程技术将生产流程分解为独立的任务单元，并科学地分析执行每项任务的最佳方法。泰勒坚信，这些原则是致富的普适路径，在任何环境下都行得通，因此他的著作备受推崇和赞誉。《科学管理原理》被誉为 20 世纪上半叶最畅销的商业书籍，还被美国管理学会评为整个 20 世纪最具影响力的管理类书籍。正如我们今天有目共睹的，它的影响力甚至超越了商业范畴。

科学的局限

在 20 世纪初的美国，受生产力问题困扰的不仅仅是制造业，教育领域也遇到了类似的问题。看到科学管理在工厂大获成功，一些人认为它也可以用于学校改革。[3] 这一想法的头号支持者是芝加哥大学的教育学教授约翰·富兰克林·博比特（John Franklin Bobbitt），他是学校课程理念的先驱。他的一篇标题为"消除教育中的浪费"的文章表达了他对将科学管理应用于教育领域的希望。[4]

在博比特看来，教师就像工厂里的劳工，而学生则是还没有被切割成标准形状和尺寸的金属。教师并不知道最佳教学方法是什么，因此，学校管理者（类似于工厂老板）需要利用科学管理来决定课程和教学方法。他们对课堂进行监控，了解各种教学风格，对每种教学方法进行试验，然后选择得分最高的教学方法。[5] 最后一步是根据发现进行调整。博比特建议对孩子们进行测试，通过考试成绩衡量教师的表现，并以此决定教师工资。然后反过来——设计可以分解成小部分、标准化和可评估的课程。

　　将近一个世纪以后，2001 年的《有教无类法案》（又称《不让一个孩子掉队法案》）将泰勒主义推向了新的高度。该法案不仅将考试成绩与教师工资挂钩，还将考试成绩与美国联邦政府的拨款挂钩，甚至与学校是否有办学资格挂钩。为了获得资助，各州必须对特定年龄段的所有学生进行标准化的测试。如果一所学校未能取得"足够的年度进步"，就必须允许学生转到同一学区内成绩更好的学校，这所学校最终也可能被关停。人们希望那些测试和预定的目标能够带来像公司内部一样的责任制。正如美国教育部长罗德·佩奇（Rod Paige）所说："好学校的运作方式就像企业一样。这些学校会关注结果，定期评估质量，衡量有没有满足它们所服务的孩子的需求。"[6]

　　事关重大，比起教育，学校更优先关注成绩。71% 的学区减去了至少一门学科，以便将更多的时间用于阅读和数学——人文、艺术、社会科学、音乐、信息和计算机等学科都在被去除的范围。[7]就算是侥幸没有被砍掉的科目，教师也开始应试教学——机械地重复不相关的信息片段，让孩子们在考试中能够背出来，而没有教他们如何使用这些信息，如何独立思考。

　　另一个发展是脚本式课程的兴起。正如泰勒指导工人每次要抬多少东西、何时休息一样，教师们也被告知每天要教哪一页、说哪些话。有一本手册规定了如何教儿童阅读：

- 念 "cat"（猫）这个单词。问："cat" 这个单词中，你听到的第一个音是什么呢？我应该在第一个方格中写什么字母？写下字母"c"。

- 问："cat"这个单词中，你听到的下一个音是什么呢？ 请一名儿童到黑板前，在第二个方格中写下字母"a"。
- 问：在"cat"这个单词中，你听到的最后一个音是什 么呢？我应该在最后一个方格中写什么字母？写下字母 "t"。[8]

教师们纷纷辞职，因为他们无法采用最符合自己个性或学生学习偏好的教学方法。有几位教师公开了他们的辞职信，其中一位有长达 40 年教龄的老教师对教育过度依赖"数据驱动"的现象表示遗憾，他认为这种方式"只追求一致性、标准化和成绩，行尸走肉式地遵循肤浅的共同核心国家标准"。[9]《有教无类法案》遭到民主党和共和党的猛烈抨击，最终于 2015 年被新的法案取代。

初始化

为什么科学管理在 20 世纪初的制造业取得了成功，在 21 世纪的教育领域却失败了呢？因为二者之间有三个关键的差异。费城的一吨铁在克利夫兰也是一吨铁，搬运 20 吨总是比 15 吨要好。但在教学中，无论怎么努力使其标准化，也无法比较不同学生的表现。考试成绩是好是坏取决于学生的经济背景、家庭生活和学习任务的难易——伊冯娜老师可以让学生的平均成绩达到 20 分，相比之下，扎克的学生表现较差，平均成绩只有 15 分，但这可能是因为他的学生起点较低。

对于施密特，泰勒只关心他一次能搬多少铁，但教学的产出是多方面的。阅读和数学测试成绩只是教师价值的一小部分——更重要的是培养批判性思维、对学习的热爱和对不同观点的尊重。最后，虽然对于切削金属来说，可能存在一种最好的方法，但管理班级最有效的方法取决于教师和他们的学生，而教师才是找出行之有效的方法的最好人选。教育中最大的浪费不是教师的懈怠，而是教师无法发挥自己的主观能动性。

这些差异如此明显，本应该一目了然。但是，那些倡导把科学管理应用于教育的人没有意识到，**证据不是证明**，因为它可能不具有**普适性**。证明是绝对的。当阿基米德证明圆的面积是圆周率乘以半径的平方时，他不仅证明了这适用于公元前三世纪古希腊的圆，也证明了这适用于现如今全世界的圆。相反，证据可能只适用于收集证据的那个环境。科学管理在生铁运输、铁锹铲运和金属切削中行之有效，并不意味着它在学校也能取得成功。[⊖]

证据是否有用取决于其**效度**。第五章至第七章的重点是**内部效度**——在所研究的特定情境中，证据是否真的揭示了它所

⊖ 在泰勒的时代，对于证据的标准较低，因为当时还没有开发出仪器等现代技术。但是，即使泰勒以最精确的方式进行实验，并有完美的对照组，这些也只能作为证据，而不是证明。

宣称的现象。当人们能够启动系统 2 并仔细对证据进行核查时，通常会对此进行评估。经常被忽视的是**外部效度**——即使一项研究在特定情境中具有完美的内部效度，它也可能并不适用于其他不同的情境。

我们经常因为双重偏误而将证据误认为是证明。当我们先入为主地认为某个结果成立，然后不加思考地接受那些在不同情境下也能得出这一结果的研究时，就陷入了认知偏误。美国教育部长罗德·佩奇曾在海军服役，后来成了橄榄球教练。在这两个领域，"最佳方法"远不止一个——例如如何投出完美的螺旋球——因此，他也更容易相信在教育领域中也同样存在诸多"最佳方法"。非黑即白的思维方式意味着，尽管世界是有个体差异的，我们却坚信，一种做法总是有效的，或者总是无效的。如果科学管理在工厂车间奏效，人们就会认为将它应用在学校教育中也会奏效。

这些偏见暗示着存在一套简单的模板可以用来炮制热门文章，或是畅销书。首先，宣称你的观点具有普适性——一种适用于所有场合的"万能理论"。然后你只需坐等，相信每个人都会买单，不管他们经营的是什么公司，追求的是什么职业，追逐的是什么梦想。

为了支持这一"万能理论"，你有两个选择：一是搜集多个领域的成功案例，并阐述该理论是如何成为这些案例中成功的共同因素，因此这个理论必须能解释所有的案例。西蒙·斯涅克不仅断言这个"共同因素"对苹果公司的成功至关重要，还进一步提出这是一条通用的成功之路，他讲述了莱特兄弟是如何战胜财力雄厚的塞缪尔·皮尔庞特·兰利（Samuel Pierpont Langley），成功试飞了第一架飞机，以及由志愿者运营的维基百科是如何超越微软公司的微软百科全书，成为全球最主要的知识来源。苹果公司、莱特兄弟公司和维基百科所处的领域截然不同，因此"从为什么出发"必然是它们共通的制胜法宝，因为它们都这样做了。

现在，我们可能已经发现了其中所有的问题。样本是经过挑选的（不包括那些有这个**共同原因**却失败了的人），研究中缺失了对照组（那些没有这个**共同原因**却取得成功的人），也没有考虑到其他解释（三者之间有许多其他的共同点）。然而，如果确认偏误能让人们喜欢上你的理论，而非黑即白思维又能让他们相信在任何情况下成功都有一个统一的解释，那么你就会很容易忽视**内部效度**的问题。《公平之怒》一书中说，如果不考虑贫困等其他对立理论，不平等就是世界上所有弊病的根源。英国《卫报》公开支持这本书，封面推荐语醒目地写着"一个包罗万象的理论"。

第二条成功之路截然不同。你要找到一个效果最显著的特殊情境：在生铁处理领域，科学管理不仅提高了产量，而且使产量翻了两番。甚至可以通过设置一个合适的对照组来确保内部效度。然后，你就可以声称这些成果普遍适用，这一次，你得意忘形地忽略了外部效度。有的书可能会宣传某种减肥配方非常神奇有效，并附上使用该方法成功减肥的人的赞美之词。

但对其他人来说，它可能并不管用。世上可能不存在一种普遍适用的最佳减肥法，因为这取决于个人身体状况、实际年龄和可用于锻炼的时间。但是，一本主要面向 40 多岁职场妈妈的书，远不如一本向所有人保证"每周只需健身四小时"的书吸引人——尤其是如果后者的副标题是"快速减脂、不可思议的性爱和成为超人的非凡指南"。[10]

《基业长青》这本书的开篇语是："我们相信，世界上每一位首席执行官、经理人和企业家都应该读一读这本书。每一位董事会成员、投资顾问、投资者、记者和商学院学生也都不应错过。"他们声称，这本书不仅适用于公司，而且适用于"学区、学院、大学、教会、团队、政府，甚至家庭和个人"。这本书并不只适用于美国——"书中的核心理念适用于全球各地，不同文化以及多元文化环境。"尽管大肆宣传一本书的普适性是提高销量的好办法，但正如我们在第四章中所讨论的，这本书缺乏内部效度，外部效度也值得商榷。即使作者完全掌握了美国 18 家大型上市公司成功的秘诀，它也未必适用于初创公司、非营利组织或其他国家的公司。

如何处理差异化原则？最理想的方法是针对你感兴趣的具体情况进行深入研究。艾米丽·奥斯特并没有简单地认为母乳喂养与智商之间的关联也自动适用于感染、糖尿病和肥胖症；相反，她细致地审查了有关其他结果的论文。但这往往是不切实际的。由于在每个国家、对每个行业都进行测试的成本很高，没有哪项研究能在所有情境中都进行——目前还没有关于

《基业长青》中的原则如何影响巴西教会的分析。

内部效度和外部效度之间也存在着一种权衡——最可靠的研究可能不是在最贴近现实情境的背景下展开的。工具变量法和自然实验虽能帮助我们证实因果关系，但这些方法往往难以实现，且适用范围有限。卡罗琳·霍克斯比利用河流来说明学区数量对学生成绩的影响，但由于河流并不影响特许学校或学院，因此这一研究无法解释这些其他教育模式是如何拓展学校选择的。

所有这一切都强调了解读数据要靠常识，不能只基于片面的统计结果。一个简单的问题是：**是否存在某些因素导致研究结果可能并不适用于我们的具体情况？** 第一项显示吸烟致癌的研究是 1950 年在美国进行的。这些发现可能在全球范围内部适用，直到今天依然有效。吸烟对癌症的影响与人类的生理机制有关，而人类的生理机制在全世界大致相同，从 1950 年至今也没有发生显著的变化。

但科学管理是否是适当的工具方法，取决于具体的工作场景。有些任务有明确的最佳方法，其结果单一且可以量化，有些任务则有不同的方法，追求的是多重目标；有些员工喜欢事无巨细的指导，有些员工则会感觉被过度管理。

然而，如果你感兴趣的情况与研究中描述的情况完全相同呢？研究的结果是否就一定适用呢？遗憾的是并非如此，接下来，我们将展开讨论。

坚毅和伟大

　　每年约有 1200 名新学员被纽约西点军校录取。在报到的第一天，大多数人的心情都很复杂——一方面为能报效祖国而自豪，另一方面又为能否在"野兽训练营"中坚持下来而焦虑。这个迎新培训课程异常艰苦，训练在夏季进行，每天训练长达 17 个小时，持续六周。培训的目的是让男女新兵从平民生活过渡到军事生活。

　　心跳加速，肌肉酸痛，肺部如同火烧。在西点军校，常听到这样一句话："每个学员都是运动员"——这种理念在新兵面临的激烈体能训练中得到了体现。日出而作，日落而息，学员们经历着一系列残酷的耐力和力量挑战。在体能训练的间隙，大脑也不能放松，还要接受思维练习和课堂讲座的考验。六周训练结束，会有一场行军活动作为"庆祝"。深夜两点半，新兵们全副武装，背着 40 磅（约 18 千克）重的装备，踏上 12 英里（约 19 千米）的征途，穿越岩石嶙峋的陡峭山丘，最终返回西点军校的主校区。这是一场对身体和心灵的极限考验，代表了他们在整个训练过程中所面对和克服的一切艰难困苦。

　　每一天，学员们都仿佛抵达了崩溃的边缘，几乎想放弃。他们清楚，一旦放弃，就意味着自己的军旅梦想化为泡影。对有些人来说，精神上的疲惫和肉体上的疼痛实在难以忍受，多达五分之一的人会选择退出。[11] 野兽训练营并不适合懦弱的人。但是，是否具备某些特质的人更容易坚持下来？这些特质是否会让他们在其他领域的工作、教育和生活中也更具优势？

27 岁的管理顾问安吉拉·达克沃斯（Angela Duckworth）告别了高压的工作环境，转而投身于一项更具挑战性的职业——在纽约市一所公立学校担任七年级数学老师。在批改试卷和测验时，达克沃斯注意到了一个有趣的现象：成绩最好的学生往往不是班级里最聪明的孩子。她由此得出结论，许多父母无休止地关注并频繁测试的智商可能并不是通往卓越的决定性因素。

达克沃斯想要探索真正驱动成功的因素，于是她在宾夕法尼亚大学开始了心理学博士的学习。应西点军校的邀请，她和同事们前往那里展开研究。

西点军校的领导层对于预测哪些新兵能完成野兽训练营的训练很感兴趣。他们认为，最主要的因素是"候选人综合得分"，这是西点军校专门为新兵量身定制的一项衡量标准，旨在全面衡量他们认为新兵必须具备的素质——学习能力、领导能力和体能。这一综合得分被视为录取的首要标准。

但达克沃斯和她的研究团队发现，候选人综合得分并不能很好地预测新兵是否能完成野兽训练营的训练。他们提出了另一个假设：重要的不是原始的智力和体能，而是坚毅这个品质，他们把坚毅定义为激情和坚持的结合。[⊖] 2004 年，他们设计了一份评估坚毅水平的调查问卷，并在当年的训练营开始时分发给新学员。[12] 新兵们需要对 12 项不同的陈述进行评分，以反映这些陈述与他们的个人情况的契合度，其中一些陈述涉及职业道德（例如"我是一个努力工作的人""我很勤奋"）；其他陈述则关于毅力或对目标的执着（例如"我经常设定一个目标，但后来转而追求另一个目标""我的兴趣每年都在变化"）。

　　达克沃斯和她的研究团队发现，坚毅得分明显预测了"野兽训练营"的新兵是否能完成训练。他们研究中的许多步骤都遵循了我们在本书中强调过的几大原则。他们从所有参与"野兽训练营"的学员中选择一部分作为样本进行调查，而不只选择那些完成了训练营的学员作为样本。他们有一个清晰的对照组，把有毅力的新兵和缺乏毅力的新兵进行比较。他们还控制了普遍变量，说明即使在候选人综合得分没有差异的情况下，坚毅仍然是非常重要的预测因素。而且，他们在研究开始时就进行调查，排除了反向因果关系的影响（完成了"野兽训练营"的学员会在事后自我报告自己很坚毅）。

　　达克沃斯还意识到了应该关注外部效度。坚毅可能在像"野兽训练营"这样的体能挑战中很重要，但在更侧重智力的

　　⊖ 更准确地说，毅力结合了努力的持久性（在面对挫折时努力工作）和对兴趣的专一性（不改变自己的目标）。达克沃斯将后者简称为"激情"。

环境中，坚毅的影响是否就不如智商显著？为此，她的团队研究了不同的情境。他们发现，即使在考虑了智商因素的情况下，坚毅仍然能预测孩子们在美国拼写大赛中能走多远。[13] 坚毅同样能预测宾夕法尼亚大学 139 名本科生的成绩，而他们的高考分数（SAT）做不到这一点。[○][14] 这一发现似乎揭示了一个"万能理论"——坚毅在所有情形中都很重要。达克沃斯在她的 TED 演讲"坚毅：释放激情与坚持的力量"中称："在所有不同的环境中，有一个特征成了成功的重要先决条件，这就是坚毅。"她在《坚毅》一书中也表达了类似的观点，在《纽约时报》的一次访谈中，她宣称"坚毅胜过智商、美国高考分数、体能和其他数不清的衡量标准"。[15]

这种说法会强化我们的偏见。任何人都可以培养坚毅的品质，而身体素质则有部分遗传因素，因此达克沃斯的信息非常鼓舞人心。达克沃斯的 TED 演讲播放量达到 3000 万次，她的著作也跻身《纽约时报》畅销书榜，这些都不足为奇。这种关注难道不是理所应当的吗？既然她声称已经用陈述、事实、数据和证据解决了所有的问题，那么我是否应该不再扫兴，承认有时候我们的偏见也可能引导我们接受一些正确的事物呢？[16]

并不尽然。上述所有研究的局限性在于研究范围的局限。根据适度原则，某件事物可能在一定范围以内是好的或坏的，

○ 美国高考，最初被称为学术能力测试，是一种用于美国大学入学考试的标准化学业水平测试。

所以数值范围较小的时候得出的结论并不具有普遍性。达克沃斯的研究对象是已经考入西点军校的学员。他们本身就很健壮，当他们的体能达到一定水平后，体能训练带来的回报会逐渐变少——如果你已经能在 12 秒内跑完 100 米，那么时间再缩短一秒对你完成"野兽营"的训练来说可能帮助并不大。既然体能没那么重要，其他因素如坚毅就变得更加关键了。然而，对于渴望加入军队的普通青少年来说，可能更需要努力提升体能，而不是增强毅力。

同样，在宾夕法尼亚大学进行的研究中，研究对象在入学时 SAT 成绩已经处于前 4%，但对于普通本科生来说，SAT 成绩可能是预测学业成绩的一个强有力的指标。拼写比赛决赛中的孩子们已经处于智商的最高层次。在这些场合之外，对于那些想要成为成功作家、歌手或医生的普通人而言，打磨技艺可能比锻炼毅力更为重要。

这其中的问题不是过度推断到不同情境中（忽略差异化原则），而是过度推断到不同范围（忽略了适度原则）。就算研究的是美国军队，不是其他国家或职业，也应该关心普通人怎么能成功——而不是那些已经足够优秀可以考取西点军校的人。

值得注意的是，这里涉及的适度原则的问题与第一章中的案例有所不同。之前我们讨论了对输入变量的有用性进行过度推断，即超出研究证实的有效范围的情况。研究表明，增加水分摄入可以提高运动成绩，但这一结论仅在预防脱水的范围之内有效。[17] 那些建议人们尽可能多喝水的文章就是在这个范围之外进行了过度推断，导致大卫·罗杰斯摄入的水分远远超过了研究中测试的量。这其中的问题在于对控制变量进行了过度推断，即对研究结果进行了不适当的运用。我们关注的是坚毅这个品质，而不是控制变量（智商、美国高考成绩或候选人综合得分）。然而，如果控制变量已经达到一定的高度，以至于它们的变化对结果的影响变得微不足道，那么我们就高估了我们所关注的坚毅这一输入变量的重要性。

如果我们只专注于证明坚毅的重要性，而不是声称它比智商**更**重要，会怎样呢？不幸的是，范围的局限性仍然是一个问题。或许，只有当你的个人能力也很出众时，坚毅的重要性才能体现出来。这就是所谓的**交互效应**——坚毅作为一个独立因素并不起作用，只有与能力相结合或相互作用时才有效。一个五音不全的人无论多么有激情和毅力，也永远不可能赢得《美国偶像》这样的歌唱比赛。关注能力卓越的运动员、学生和拼字选手，达克沃斯只证明了在个体能力极强时坚毅的重要性；但对于普通人来说，坚毅可能没那么重要。

你也许猜到了，面对范围局限性，最佳的应对策略是运用常识。第一步是要非常清楚实际的研究内容是什么。新闻标题通常强调"一项研究发现 X 可以提高 Y"。但 X 的研究调查范围是什么呢？研究发现将水分摄入量从 1 升增加到 2 升可以提高马拉松运动员的表现，这并不意味着将其从 2 升增加到 3 升会有类似的效果。除了你所关注的输入变量之外，研究对象在其他维度上是否也有特殊之处？比如他们是否具有极强的体能或者惊人的高智商？这可能会导致输入对一般人群的影响与研究中显示的影响不同。

如果研究结果不涉及我们感兴趣的范围，我们可以运用常识来评估这些结果是否仍然适用。如果关于吸烟的研究表明，每天吸一支烟比不吸对健康更有害，吸两支比吸一支更有害，一直到吸 50 支，那么没有明显的理由能让我们主张吸烟多于50 支不会继续造成伤害。对于水分摄入，存在一个合理的理由来解释为什么过量摄入会有害——它会稀释你体内必需的矿物质。即使看似对健康有益的事物，比如睡眠，睡得太多也会减少你进行锻炼、社交和家庭活动的时间。

无效的降落伞

2018 年 12 月，一项关于降落伞无效的研究登上了美国头条。[18] 哈佛医学院的心脏病学家罗伯特·叶（Robert Yeh）领导的一个研究团队招募了 23 名志愿者，他们愿意从马萨诸塞州的双翼飞机或密歇根州的直升机上跳下。这完全是随机对照试验的完美例子。一半的志愿者被随机分配了一个完全正常的降落伞，另一半则分得一只空背包。令人惊讶的是，研究人员发现两组的受伤率并**没有差异**。

该研究发表在著名的《英国医学杂志》期刊上，其结论几乎等同于确立了因果关系。那么，为什么这些发现没有被广泛采纳——为什么跳伞者仍在依赖降落伞呢？外部效度的局限性并不是一目了然的。的确，实验只在马萨诸塞州和密歇根州进行，但并没有明显的理由认为其他地方的结果会有所不同。而且，基于双翼飞机和直升机的研究结果很可能也适用于其他飞行器。

但有一个细节不容忽视。无论是双翼飞机还是直升机，都是静止停放在地面上的，所以志愿者只需从两英尺（约 60 厘米）高的地方跳下。由于坠落高度的限制，这项研究对于从更高处跳伞的情况没有实际意义。这是一项充满讽刺性的研究，它提醒我们，研究人员可能会在选择实验场景时挑选能得到他们期望结果的场景，然后过度泛化到其他情境中。正如作者们在末尾以讽刺的口吻指出的："我们可以自信地建议人们，从地面上的小型静止飞机上跳下时，降落伞并非必需品，但在更高空的实际情况中应用这项研究结果时，应依据个人判断行事。"无论是在跳伞、参军还是制定国家教育政策时，请记住，具体情境和研究的适用范围至关重要。

小结

- **证据不是证明**，因为它可能不具有**普适性**。即使证据具有**内部效度**（揭示因果关系），它也可能缺乏**外部效度**（适用于不同情境）。
- 外部效度的缺失可能是由于**差异性**。在某个职业、行业或国家有效的实践证据可能无法推广到其他领域。

◎ 如果你找不到你关注的某个具体情况的研究，问自
己：有哪些原因可能导致这一发现不适用于这个
情境？

● 外部效度的缺失也可能是因为**适度原则**。

◎ 输入可能需要遵循适度原则。若研究显示每小时喝 2
升水比喝 1 升好，这并不意味着每小时喝 3 升水比
喝 2 升好。

◎ 控制变量可能需要遵循适度原则。研究显示，对于
已经非常健壮的西点军校新兵来说，坚毅比体能更
重要，但这并不意味着对普通人来说也是如此。

◎ 输入可能与控制变量交互作用。研究显示，对于西
点军校新兵来说，坚毅很重要（是总的来说，不仅
仅是比体能更重要），并不意味着它对普通人来说
也是如此。毅力可能只在身体非常健壮的情况下才
重要。

◎ 提问：研究中的输入和控制变量的范围是什么？有
没有原因能说明为什么研究结果可能不适用于我们
所关注的范围？

　　第二部分即将告一段落，这一部分解释了如何避免误入误
解之梯。但是，想要更好地洞悉世界，做出更明智的决策，我
们需要做的不仅仅是正确地解读陈述、事实、数据和证据。在
日常生活中，我们会接触大量非正式渠道的信息，并据此形成

我们的观点。作为个体，我们通过阅读书籍、报纸以及与朋友和同事交流获取信息。在组织内部，我们把五花八门的知识汇聚到一起，期望多样的观点能融合成和谐的整体。而作为一个社会，我们的共同认知受到公共信息传播、社交媒体和学校课程的影响。在接下来的第三部分，我们将进一步广泛地探讨我们作为个体、组织成员和社会的一员，如何更聪明地思考。

第三部分

解决方案

第九章　作为个体更聪明地思考

在牛津大学墨顿学院，我度过了一段非常愉快的时光。毕业后两年，我移民到了美国，尽管如此，我与墨顿学院的联系依然紧密，我还担任了我们年级的班级秘书，负责搜集校友动态，并鼓励同学们踊跃参与各类活动。十年后，我重返伦敦，成了年度"伦敦墨顿校友聚会"的常客。所以当我收到一封标题为"2016 年 2 月 2 日星期二，伦敦墨顿校友聚会"的电子邮件时，我下意识地便将鼠标光标移到了"立即预订"的按钮上。

就在我准备点击预订的那一刻，我注意到了活动简介："本次活动特邀演讲嘉宾为罗杰·布特尔（Roger Bootle）（1970 级校友），他将带来题为'去或留？——欧盟与英国的未来'的精彩演讲……罗杰不仅是凯投宏观公司的创始人和总经理，还曾担任汇丰集团的首席经济学家。"

这个议题更让我毫不犹豫地决定参与这次活动。距离英国脱欧公投仅剩四个月，公投无疑成了时下的焦点。在我成长和工作的小圈子里，几乎我所有的脸书、推特和领英联系人都支持留欧。他们经常在帖子中 @ 我，问我怎么去反驳脱欧的观点，或是怎么更详细地解释留欧的理由。这次活动无疑会为我提供更多有力的论据。

然而，电子邮件的下一行内容吸引了我的注意："他是六本书的作者，包括《欧洲的麻烦》(The Trouble with Europe)。"《欧洲的麻烦》? 这简直难以置信! 我迅速在网络上搜索了罗杰·布特尔的名字，结果证实他确实是一位坚定的欧盟怀疑论者。最初得知本次活动的话题与欧盟有关时，我万万没有想到演讲者会支持脱欧。毕竟，他和我一样曾在墨顿学院学习，同样身为经济学家，也都在国际化大都市伦敦工作，所以他应当和我一样支持留欧。转念间，我甚至考虑放弃参加这次活动——我告诉自己，这并非出于我的搜索偏见，而是因为支持脱欧的观点往往源自于公交车车身广告，我不应成为传播错误信息的帮凶。但是考虑到现场会有免费的香槟供应，我那些高尚原则瞬间崩塌。于是，我点击了"立即预订"。

当夜幕降临，活动开始，我意外地发现罗杰的所有观点都有充分的依据，并且逻辑缜密。尽管我并不完全同意其中的某些观点，但至少我能理解他的出发点和立场。直到今天，那场演讲仍然是我参加过的最具启发性的谈话。回到家后，我迫不及待地想要了解更多信息——我仔细研究了凯投宏观公司关于脱欧的报告，对其中的几个观点进行反复核对，并对其他一些内容进行了深入研究。在此基础上，我在博客上写下了一篇文章，标题为"脱欧的理由"。

目前为止，本书一直着重于探讨如何避免被误导。但是，提升知识水平和做出明智选择的意义不仅在于抵御错误信息——更在于主动地搜集资讯。上面这件事突显了积极寻求不同观点的重要性。正如在法庭审判中，法官会确保陪审团能够听取双方的证词。同样，我们若想在重大决策中做出正确判断，也应当全面审视控辩双方的意见。

在处理像脱欧这样界限清晰的问题时，这很容易做到，只需要阅读持相反立场的文章。这样做并不是放弃我们的信念，正如亚里士多德所言："受教育的标志是你可以不接受一种观点，但你能够容纳它。"即使我们认为对方观点中有90%是错误的，但剩下的10%可能包含着真理，而这10%的智慧意味着我们会变得比之前更加聪明。

如果你对一篇文章的最高赞誉仅仅是："那正是我想说的，但你表达得更精彩。"那么这未免有些令人遗憾。如果真是这样，那么你从这篇文章中获得的除了修辞艺术，别无他物。相比之下，最严重的疏失，是在不赞同某人发布的观点时选择取消关注：我们自以为这是在惩罚对方，但实际上这是在剥夺自己学习的机会。[⊖]作为可持续发展的倡导者，我渴望阅读每一篇富有见地的批评文章。这不仅仅是为了保持开放的心态，更是出于自我成长的追求。如果我能了解主要的反驳观点，我就可

　　⊖ 如果这个人发表攻击性言论或者散布错误信息，那么取消关注他们情有可原。

以在演讲中巧妙地融入这些观点——既承认它们的合理性，又能预先进行有力的反驳，这样的策略会使我的演讲更加中立、更有说服力。

出于可持续的考虑，我清楚地知道谁是最大的质疑者，因此我会密切关注他们的最新见解。我还订阅了一份每日新闻摘要，它汇总了涉及这个话题的最新文章，尽管我甚至都没有足够的时间能阅读其中的一半，但我会优先阅读那些反对可持续发展的文章。对于其他话题，我们可能不知道反对者是谁，但我们可以简单地在谷歌上搜索我们观点的对立面。比如，咖啡的狂热爱好者可以输入"为什么咖啡因对你有害"，看看是否有可靠的证据出现。

在一些具体议题之外，我们可以采用这种方法来更加全面地拓宽我们的世界观，例如，阅读那些立场与我们不同的报纸或作家的作品。我同时订阅了《每日电讯报》和《卫报》，这两份报纸分别代表了英国最右翼和最左翼的声音。这样，无论讨论的是堕胎、移民还是毒品合法化等任何热点话题，我都能同时接触到两方面的观点。

阅读持不同意见的文章仅仅是第一步。我们可能只是象征性地这么做，自欺欺人地认为自己拥有开放的心态，但实际上，我们在阅读时的心态更倾向于寻找反驳的契机，而不是真心实意地学习。正如商学教授史蒂芬·柯维（Stephen Covey）所指出的："大多数人倾听的目的不是为了理解，而是为了回应。"[1]

在第一章中，我们看到了下面的贝叶斯推断图。图表底部提到了另一项，不过我们当时并没有对其展开探讨。

信息是否支持假设？

取决于

信息是否与假设一致？

vs

信息是否与备择假设一致？

（还有另一项）

那另一项实际上是你"先验信念"的坚定程度。证据能验证你的假设是否为真，但学习始终是相对于一个初始点而言的。贝叶斯推断背后的数学原理表明——实际上是证明了——如果你一开始就绝对确定，那么无论任何新信息出现，你的观念也永远不会改变。只有在真正愿意接受犯错的可能性时，你才能学习。正如列夫·托尔斯泰所言："如果一个人还没有形成任何先入为主的成见，就算他再愚笨，也能够把最复杂的问题解释给他听。但是，如果一个人坚信，那些摆在他面前的问题他早已了然于胸，没有任何的疑虑，那么，就算他再聪明，也无法理解最简单的事情。"

⊖ 这种学习过程被称为"贝叶斯更新"，而被更新的是你的"先验信念"。

站在巨人的肩膀上

我们已经强调了阅读持对立观点的文章的价值，但接下来如何辨别哪些文章是可靠的呢？在第二部分，我们提供了一些简单的问题来验证结论的有效性，然而这仍旧需要我们投入精力。是否存在一种便捷的方式，让我们能够迅速判断一项研究是否值得我们投入时间呢？

确实有一种方法可以做到这一点，那就是同行评审。同行评审可能听起来像是学术界的一种神秘仪式，与象牙塔之外的人似乎无关，但实际上，它与其他任何认证体系一样，具有极高的价值。我们之所以确信某种药物可以安全服用，是因为它已经通过了美国食品和药物管理局的审批；我们之所以信赖一家公司的财务报表，是因为它们已经由知名审计师签字确认；我们之所以能够安心入睡，是因为我们的门锁具有英国标准协会的风筝标志。同行评审对于学术研究来说起到了同样的作用。（我们将在后续内容中探讨其他信息来源，例如书籍和新闻文章。）

当一篇论文被投稿给科学期刊，编辑会请其他杰出学者对其质量进行匿名评审。评审标准严格到令人望而生畏，顶级期刊可能会拒绝多达95%的投稿。剩下的5%的论文也不会被立即接受；相反，它们会被要求"修订后再提交"。编辑和审稿人会指出论文中需要改进的地方，而在后续的评审中，这些论文仍有可能被拒绝。一篇论文从初稿到发表耗时五年并不罕

225

见——这对作者来说是一段艰难的旅程，但这也是确保读者对研究成果抱有信心的关键步骤。正如序言中所提及的，一项关于薪资差距的研究在评审过程中被要求修正错误，最终完全颠覆了其初步结论。

同行评审让我们得以站在巨人的肩膀上——那些杰出的学者已经为我们深入探究过这些论文。相比之下，我们应该对未经审查的研究持怀疑态度，因为这些研究的结论可能并没有证据支持。有时候，它们甚至与事实相差甚远，比如那篇关于多样性的文章，其核心论点被全部 90 项测试所否定。如果一个研究未经严格的审查，它可以提出任何观点。

通过查看一篇文章是否被收录在诸如《自然》、《英国医学杂志》或《金融杂志》等科学期刊中，我们就能够迅速判断它是否经过了同行评审。若文章仅出现在作者的个人网页或企业网站上，则意味着它未经正式认证，我们应该对其持审慎态度。但是，文章出现在期刊上并不代表其质量卓越——我们还需考察具体是哪个期刊，因为各期刊的评审标准参差不齐。卡贝尔分析公司把超过 15000 种期刊标记为"掠夺性"期刊，这些期刊因虚假宣称进行了同行评审等行为而获此标签。期刊质量很容易验证：在商业领域，《金融时报》列出了前 50 名的期刊名单；Scimago 则对所有领域都进行了排名。

但同行评审在现实世界中真的重要吗？这不就是学术界内部争执，借此炫耀他们的论文经过了同行评审，而他们的竞争对手的论文却没有吗？当然，研究结果可能会被推翻，但如果政府基于不准确的数据强迫公司公开薪酬差距，谁会真正在乎呢？

这确实很重要。据估计，公开信息将使美国公司在首年承受高达13亿美元的支出，之后每年还将面临5.3亿美元的支出。[2] 这还只是收集信息的成本，不包括它可能会对公司决策产生的扭曲影响——比如，公司可能会为了缩小工资差距而用机器替代低薪员工。这一问题的严重性远超过工资差距本身，这一点我们将在后续内容中进一步探讨。

"Theranos，一家私营生物技术企业，创新性地开发出了实验室诊断检测的新技术，其相关信息已经由《华尔街日报》《商业内幕》《旧金山商业时报》《财富》《福布斯》《医学景观》《硅谷商业日报》等多家媒体广泛报道——但这些成果尚未在经过同行评审的生物医学专业期刊上发表。"

这是斯坦福医学院教授约翰·伊安尼迪斯（John Ioannidis）在2015年2月发表于《美国医学会杂志》上的一篇文章的开篇。[3] 这篇文章指出，Theranos公司的所有研究结果尚未接受过同行的评审检验。

然而，这一点却被普遍忽视了，没有人会在意。伊丽莎白·霍尔姆斯信誓旦旦地夸下海口，媒体又狂热地追捧，以至于公众对她的言辞不加分辨地全盘接受——无论这些豪言壮语背后是否有实证支撑。在伊安尼迪斯的文章发表时，Theranos的市值惊人，已经高达90亿美元。八个月后，《华尔街日报》

记者约翰·卡雷鲁（John Carreyrou）通过一系列专栏文章揭露了 Theranos 的欺诈行为，这些文章也为他 2018 年的畅销书《坏血》打下了基础。[4] 卡雷鲁的深入调查拯救了数万甚至是数百万患者、员工和投资者的利益，使他们免受 Theranos 的欺骗。然而，假如一些关键人士能够早点认识到同行评审的重要性，不轻信 Theranos 的豪言壮语，这一切本可以避免。

寻找共同点

认证过程永远不可能做到百分之百的准确无误。美国能源公司安然（Enron）的财务报表曾由当时世界顶尖的审计公司安达信（Arthur Andersen）签字确认，但后来却发现这些账目涉及欺诈。关节炎药物万络（Vioxx）于 1999 年获准上市，但因为这种药物会增加心脏病发作和中风的风险，因此五年后被勒令退出市场。学术期刊领域同样面临着这样的问题——无论审稿人和编辑多么尽职，他们也无法捕捉到所有的错误。例如，数据挖掘的错误很难察觉出来，因为审稿人看不到作者因结果不佳而刻意隐藏的那些实验尝试。

期刊可能也受**发表偏见**的影响，因为喜欢某个研究结果而接受该论文。那么编辑们喜欢什么样的研究发现呢？答案是那些具有统计学意义的结果，因为它们更可能引发广泛的关注。评价一本期刊声望的核心指标是其"影响因子"，即该期刊文章被其他期刊引用的频率，人们通常更愿意引用那些"有一些发现"的研究，而较少引用那些一无所获的论文。

一项精心构思的随机对照试验对此进行了测试。试验采用了同一篇研究文章的两个版本，其中一个版本报告了显著的研究成果，另一个版本则没有，除此之外其他内容完全相同，这两个版本被投稿给了骨科领域的某科学期刊。[5]结果显示，审稿人更倾向于推荐有显著结果的版本发表，并且在不含有显著结果的版本中更容易察觉到研究方法上的错误——尽管两个版本使用的方法实际上完全一致。

这对于同行评审的可靠性来说意味着什么呢？对于尚未发表的研究文章，情况并未有所改变——我们仍然应该保持怀疑态度。然而，这也清楚地表明，即使是已发表的文章，也不应被视作不容置疑的真理；文章的发表确实提高了我们对研究准确性的信心，但并不代表它绝对可靠。追求完美不应当成为妨碍我们接受良好成果的障碍。虽然验证的过程并非绝对可靠，但选择经过审查的成果总比未经验证的成果更为妥当。此外，经过这一流程，文章中最为严重的错误往往能够得到自我修正。科学家们有强烈的动机去质疑那些有影响力的论文，因为这可以给他们带来声誉。同时，期刊也会发表那些揭露真相的研究——哪怕这些研究可能会颠覆期刊自己之前发布的文章的结论——以保持其在准确性方面的声誉。

一篇由埃米·卡迪（Amy Cuddy）等人撰写的著名论文声称，通过事先进行"高能量姿势"展示，你可以更好地应对工作面试和公开演讲，比如像庆祝胜利时那样双臂伸展站立。这篇论文成了历史上观看次数第二多的 TED 演讲"肢体语言塑造你自己"的基础。[6] 但是，发表了卡迪研究结果的期刊《心理科学》（Psychological Science）后来又发布了其他作者进行的类似实验，⊖却发现这种姿态并无实际效果。[7]《柳叶刀》杂志曾刊登了安德鲁·维克菲尔德（Andrew Wakefield）的研究，该研究将疫苗接种与自闭症联系起来，[8] 但最终，该研究被撤回。⊖在这些案例中，通过快速的网络搜索，我们可以得知一篇论文是否已被撤回或其结论是否已被推翻——维基百科上关于"高能量姿势""埃米·卡迪""《柳叶刀》MMR 疫苗自闭症欺诈""安德鲁·维克菲尔德"的条目中详细记录了所有这些事件的残酷细节。

　　尽管撤回和辟谣最引人关注，但这并不是科学进步的主要途径。相反，论文结果的推翻往往得益于新的研究方法的引入或更优质数据的获得，而非研究者的疏忽。有时，对于最佳研究方法的争论持续存在，不同的研究团队可能依据合理的流程得出了截然不同的结论。⊜结合同行评审的不完美，这意味着我

　　⊖ 这被称为"复制研究"。复制研究通常试图优化原始实验的设计，比如增加参与者的数量，以及确保对照组服用安慰剂。
　　⊖ 撤回的原因是维克菲尔德在进行其研究时公然违反了伦理准则；一年后，他的研究结果被揭露为欺诈。
　　⊜《美国经济评论》杂志发表了卡罗琳·霍克斯比关于学校选择和学生表现的文章，后来又发表了杰西·罗斯柴尔德（Jesse Rothschild）的评论，指出霍克斯比的研究结果在不同方法下变得不够显著，之后还发表了霍克斯比对此的回应，她认为其他的方法是无效的，或者并不会影响结果。

们不应该过分依赖单一的研究。相反，应该寻求关于某一主题的**科学共识**。

为了实现这一点，最好的方法是阅读**系统综述**，有时也被称为**综述文章**或**评论文章**，例如医学领域的 Cochrane 协作网发布的综述。综述编辑会委托该领域的权威人士撰写一个概述，以捕捉科学界的共识，提炼出共识点，并突出争议区域或尚未探索的领域。我们可以将其看作更深入、专注于专业主题的维基百科条目，但最重要的是，这些综述仅由专家撰写。公共机构经常进行系统综述，例如，澳大利亚国家健康与医学研究委员会发表了一份关于顺势疗法无效性的综述。[9] 而更易于获取的信息则来自于英国国家医疗服务体系这样的网站，它们提供了关于如何预防和治疗疾病以及药物是否安全有效的科学共识的总结。

系统综述中还会体现每一方的证据量。如果绝大多数论文认为气候变化主要是人为造成的，只有极少数持相反的观点，那么这些信息在综述中将会被清楚地传达。反之，如果所有提到"1 万小时法则"的讨论都指向马尔科姆·格拉德威尔的作品，那么你只有一个来源。同样重要的是，综述更加重视更为严谨的论文，而不仅仅是统计赞成和反对的票数。Cochrane 协作网优先考虑随机对照试验；艾米丽·奥斯特则专注于那些控制了普遍变量的母乳喂养研究——它们不仅提供了数据，还提供了实证证据。

从哈佛校园到舰队街

我们大多数人都不会在周日下午这样的闲暇时间去翻阅学术期刊。所幸，除科学论文外还有丰富的信息资源。《新科学家》、《国家地理》和《财富》等书籍和报刊将复杂的研究转化为普通读者能够理解的内容。公司、监管机构和非政府组织会发布报告，但它们并不试图将这些报告发表在学术期刊上，因为那并非它们的目的。正如我们所了解的，虽然这些文章中有些可能不可靠，但也有一些具有重要的价值。

我们如何评估这些信息源？第一步是**持审慎的态度**——就像对待任何未经认证的信息一样。这些资源或许是有价值的，但它们并没有得到第三方认证。通常，书被认为是可信的——"按照书中所写"行事意味着你在遵循最佳典范；如果你"写了这本书"，则被视为该领域的权威——但它未曾接受学术研究审查的检验。[注]"我在这一领域写了本书"并不比"我在这一领域写了一系列博客"或"我在 YouTube 上发布了一系列教程"更有权威性。

第二步是**向专家咨询**。我们或许认识某位专家；如果不认

[注] 由商业出版社出版的书籍通常受众最为广泛，但这些书籍并未经过同行评审。相比之下，大学出版社出版的书籍会经过同行评审，但评审过程相对较为肤浅，主要关注书籍的创新性、组织结构和整体论点，对于书中所用证据的审查则不够深入。此外，不同于学术期刊的评审流程，负责大学出版社书籍出版决策的编辑并非学术研究者。

识，我们可以像第三章所介绍的那样，通过谷歌搜索诸如"**我们为什么要睡觉 批评**"这样的关键词来找到有见地的观点。通过报纸专栏了解研究的话，如果记者能够在文章中加入对该研究持不同观点的专家的意见，并且这些专家在自己的论文中发表了关于该话题的研究，而没有利益的纠葛，那么这些信息就更有可信度。

我们还可以**评估一篇文章是否保持了客观的中立性**。作者是否认可其他可能的解释，或者提醒读者他们的研究结果可能不适用于其他情境？在社会科学领域，证据很少能成为确凿的证明，所以任何声称找到了"确凿证据"或"毫无疑问地"证明了某个观点的说法，往往暴露出研究者对其他竞争性理论考虑不足。[⊖] 致同会计师事务所发布了一项研究报告，其副标题为"高效的公司管理与价值创造之间存在明确关联"。[10] 报告的前言大胆宣称"以前从未有确凿的证据……直到现在"并暗示他们已经发现了所谓的"万能方法"。然而，只要稍加审视，便不难发现其中存在反向因果关系和混淆变量的问题。

同样，有些作者会夸大其研究结果的重要性。《基业长青》的作者极力强调他们的发现是多么具有革命意义，其夸张程度令人难以置信："我们发现的东西使我们惊异，有时甚至使我们震撼。广受支持的迷思纷纷破碎，传统的架构个个崩塌。研

⊖ 在物理科学和医学领域，证据可以是非常明确的，因此平衡性不一定是必要的标准。

究做到一半，我们发现自己茫然若失，因为证据打破了我们太多的成见。"但是，研究发现是否真正具有开创性，这应由读者来评判，而非作者自我标榜。

在《哈姆雷特》中，欺骗的明显征兆是一个角色会"过于激烈地辩解"。⊖如果你需要大声宣扬证据的可靠性或研究结果的创新性，也许它们本身就不够有说服力，无法做到不言自明。

对人不对事

另一道防线是考虑作者是谁。乍一看，这似乎是人身攻击——即针对人，而非问题本身。但是，就像法庭在审理时会考量专家证人的可信度一样，如果这种评估着眼于个人可信度相关的具体细节，那么这种评估就是合理的。

有两个相关因素：偏见和资历。首先，关于偏见，许多组织可能已有需要捍卫的既定立场。例如，由高薪中心发布的关于首席执行官薪酬的报告，往往都会得出薪酬过高的结论。有的机构可能有赖于某个研究来推广自己的产品。致同会计师事务所对于各大公司管理水平的评估基于自家公司给出的管理指

⊖ 这一情节发生在剧中剧里，其中扮演哈姆雷特的母亲、丹麦王后乔特鲁德的女演员宣称，如果她的丈夫，也就是丹麦国王去世了，她不会改嫁。她过于夸张的言辞让她显得不真诚，导致真正的王后乔特鲁德讽刺地说："这位女士说得太过，太不可信。"

数的得分，因此得出这一评分至关重要的结论并不令人意外。还有一些组织可能会因为宣扬某个主张提升对外形象。麦肯锡因为宣扬前瞻性思维的优势而被誉为前瞻性思维的灯塔。在学术界，偏见同样存在，尤其是那些因特定立场而闻名的学者——如果他们以某观点著称，就倾向于将所有问题都视为该观点的体现。例如，《公平之怒》一书的作者就迫不及待地将世界上的所有问题归咎于不平等。

布里安·福博（Brian Fabo）及其合作者撰写了一篇构思精妙的论文，系统地剖析了这些偏见。该论文名为《量化宽松的五十度灰》，对 54 项关于量化宽松，即中央银行购买政府债券效果的研究进行了系统分析，这一政策在 2007—2008 年的全球金融危机后备受瞩目。[11] 这些研究一部分由中央银行的经济学家完成，另一部分则出自大学学者之手。研究结果显示，相较于大学学者，中央银行经济学家撰写的论文更倾向于强调量化宽松的积极影响。再次借用曼迪·赖斯 - 戴维斯的话来说就是："他们当然会这么说，不是吗？"研究人员还发现，这些经济学家因此获得了晋升，这或许是他们为雇主政策辩护的一种奖赏。

鉴于这些可能导致偏见的因素，我们应该想一想：**作者发布研究结果的动机是什么？**在上述例子中，他们从中受益。这并不意味着这些研究的结论是错误的，但它确实意味着我们应该以一种合理、审慎的态度来看待它们。这个问题不仅适用于学术研究，也适用于故事和声明——Theranos 因为信誓旦旦的承诺获得了 100 亿美元的估值，而塔里克·方西（Tariq Fancy）因其对可持续投资的论断而跃升为高薪酬的特邀演讲嘉宾。反观伽利略·伽利莱，他因提出太阳而非地球是宇宙中心的"日心说"而遭受监禁；他的行动背后，除了追求真理，别无他图。

　　一个更为尖锐的问题是：**如果研究得出的是与作者的预期相反的结论，作者们还会将其公之于众吗？**高薪中心不会承认首席执行官们薪酬过低，致同会计师事务所也不会承认其评分与公司业绩无关。尽管如此，仍有一些学者勇于发表那些可能不受欢迎的研究成果，比如指出薪酬差距扩大与业绩提升之间存在关联。

　　接下来我们来看资历问题，科学研究的资历来源有三个。首先是作者的**研究资格**。博士学位是进行学术研究的基本门槛，就像我们期望为我们治疗牙齿的牙医有牙科学位一样。然而，一位自称"英国顶尖经济学家"并自称"教授"的有影响力的作者，可能实际上并非教授，甚至也不是博士，因为他没有博士学位；⊖ 他甚至都没有在任何三流期刊上发表过任何文章。在其他案例中，人们可能会自称教授或博士——有时甚至在领英个人资料、推特用户名或书籍封面等处特别强调——这

　　⊖ 教授是大学中的一个职位，工作内容包括研究和教学，而博士学位则是一种资格认证。有些人虽然获得了博士学位，但未必选择在大学任教。

可能是因为他们只是兼职教授，或者拥有荣誉博士学位。[一]这些人通常拥有丰富的专业实践经验，但这并不等同于具备科研能力。

博士的头衔不是万能的；有些人能继续深造甚至摘得诺贝尔奖，还有些人则徘徊不前，所以我们需要进一步的深入研究。可信性的另一个重要来源是作者在相关领域顶级出版物上的**发表记录**。绝大多数学者都在他们的网站上展示自己的发表成果；如果他们没有这么做，或许可以被视为一个比较负面的信号。第三个考量因素是所属**机构**的水准。这并非精英主义的崇拜，而只是出于对最可靠的证据的追求。比起那些名不见经传的机构，我们会更重视来自如英国皇家马斯登医院等知名机构的医疗建议。相比之下，我注意到许多组织会提到"阳光沙滩大学（University of Sunnybeach）的研究成果"，仅仅是因为这些成果支持他们的观点，即便他们其实从未委托该大学进行过任何研究。

在评估某个研究时，同时考量作者及其所属机构至关重

[一] 兼任教授是指那些不承担研究职责的兼职讲师。类似的头衔包括"实践教授"、"临床教授"和"客座教授"。荣誉博士学位的授予，并非基于学术研究或学习成果，而是为了表彰个人在其他领域的卓越贡献。例如，穆罕默德·阿里（Muhammad Ali）、艾瑞莎·富兰克林（Aretha Franklin）和坎耶·维斯特（Kanye West）均被授予了荣誉博士学位；哈佛大学授予吹牛老爹（P.Diddy）此项荣誉；而梅丽尔·斯特里普（Meryl Streep）获得了五项荣誉博士学位。

要。人们经常提到"哈佛大学的一项研究"。这毫无意义，因为哈佛大学本身并不会发布研究。任何一个与哈佛大学有一点点关联的人——无论是终身教授、不承担研究职责的兼职讲师，或是正在撰写论文的硕士生都可以发布论文，而无须哈佛大学的批准。（有些组织确实需要机构认证，所以提到麦肯锡的研究是有意义的。）除了机构，还应该提及作者，例如"由伯克利大学的特里·奥丹（Terry Odean）教授进行的研究"。

这并不是说在顶级机构发表作品的作者总是正确的，而其他人总是错误的。资历只是评估证据时需要考虑的一个因素，就像公司采购行为中需要考虑品牌一样。我们应该问问那些在评估中总是带有偏见的人：**如果同样的研究，由具有相同资历的同一作者得出了与预期结果相反的结论，你还会相信它吗？**

作者的资历对于书籍也同样重要。对于那些由学者撰写的书籍，我们可以提出与评估学术论文相同的问题。记者往往也会著书立说，他们擅长编织引人入胜的故事，并从一些深入的研究结果中提炼出令人难忘的主题。他们的相关资历，包括他们所供职的报社和之前撰写的相关主题文章，可以确保他们若是不具备专业知识，是不会盲目跟风、人云亦云的。

实操者，如首席执行官和投资者拥有丰富的经验。他们无疑是记录自己公司管理或投资历程的最佳人选。然而，有些人不仅仅满足于讲述他们的个人经历，而是试图总结出一套普遍适用的成功法则。即便他们能够克服叙事偏见，精确地识别出他们成功的关键因素，但若没有科学研究的支撑，我们无法确定这些原则是否适用于其他情境。

但许多书籍，尤其是励志自助类书籍的作者既不具备证据生成的能力，也无法对证据进行整合，还缺乏顶尖公司的专业性。比如戴维·艾伦（David Allen）所著的畅销书《搞定》（*Getting Things Done*），这是一本关于时间管理的书。[12]艾伦曾从事过多种职业，包括园艺师、维生素分销商、玻璃吹制工、旅行社员工、加油站经理、U-Haul 经销商、小摩托车销售员和厨师。[13]该书销量超过 150 万册，但艾伦的专业知识基础并不清晰。书中几乎没有任何参考文献，相反，他的论断常常以"以我的经验"开头，仿佛那就是证据。

尤其是在励志自助类书籍中，如果你的建议足够迎合这两种偏见，那会很容易受到追捧。一家商业杂志指出："幸运的是，艾伦不需要实证证据：人们参加完他的研讨会后感觉更好了。"并且补充说："没有任何研究能证明艾伦的方法能提高效率、减轻压力或增加利润，艾伦也承认这一点。"同样，西蒙·斯涅克曾是一名广告销售员，而不是对边缘系统有深入理解的神经科学家，也不是一个验证过"从为什么的初心出发会走向成功"的商学教授，或者是一个能够从几十年的公司管理经验中汲取教训的首席执行官，哪怕只是某几家特定公司。

正如那些论证不充分的论文常常夸大其结论一样，作者们也常常吹嘘自己的资历。声称自己是"畅销书作者"通常是没有意义的，因为这一称号并没有一个明确的标准——你是需要位列前十名还是前一千名，范围是在所有书籍中还是仅限于一个小领域，或者持续多长时间（亚马逊的榜单每小时更新一次）。⊖"英国顶尖经济学家之一"也同样难以验证，因为没有公认的排名系统，⊜而"具有国际影响力"或"全球权威"这样的标签同样没有意义。其他荣誉的含金量也远没有它们所宣称的那么高：所谓的"获得诸多奖项的科学家"只需要赢得两项声望不明的奖项，而"全球主题演讲者"可能仅在国外做过一次演讲。

我们在系统中的角色

在当今社会，普通民众在抵御错误信息或传播错误信息上扮演着越来越重要的角色。一个普通公民分享一篇站不住脚的论文或阴谋论，就可能助长其迅速传播；即使是经过仔细研究的内容，也可能会有人夸大其结论，误解的传播也会随之加剧。医生们遵循希波克拉底誓言中的"首先，不伤害"原则，这对任何活跃在社交媒体上的人来说都是有用的，因为我们发布的内容可能会被疯传。

一条指导原则是**在分享之前先暂停**。社交媒体平台 X 现在要求用户在转发文章之前先阅读全文；他们发现，看到提示

⊖ 然而，"《纽约时报》/《星期日泰晤士报》畅销书作家"这样的说法是具体且可验证的。本书中提到的所有被称为"畅销书"的书籍都是《纽约时报》的畅销书。

⊜ 如果指出了具体的指标，例如引用频率，那么这个说法就是有效的。

后，人们打开文章的概率增加了 40%。[14] 这是一个积极的改变，但还不够。即便我们阅读了文章，也可能会简单地将其内容接受为事实。如果我们没有足够的时间或专业知识来进行第二部分中提到的深入审查，那么在分享前我们应该更加谨慎，因为我们可能会在无意中传播不实信息。许多人的个人资料上标明"转发不代表认同"，但这实际上是一种回避责任的做法。即便转发的内容并不代表对某一立场的认同——我有时会分享一些反对可持续发展的文章，只要它们有充分的依据——但转发应该视为对其分析的认同。

你可能会担心短暂的暂停不会带来多大改变。如果我们分享错误信息的原因是难以判断其是否准确，那么停下来深呼吸几次也于事无补。戈登·彭尼库克（Gordon Pennycook）及其同事进行的一项研究提出了更为乐观的发现。[15] 他们向 1015 人展示了一系列新闻故事，其中一半是真实的，另一半是虚构的，并请他们评估这些故事的准确性。参与者能很好地将真实的与虚构的区分开来。然后，研究人员询问他们是否打算在社交媒体上分享这篇文章。遗憾的是，他们的回答取决于文章是否符合他们的政治信仰，而不是他们是否认为文章准确。人们有能力分辨真伪，但在分享信息时却往往忽略了这一点。

我们如何确保他们运用了辨别真伪的这种能力呢？在一项独立实验中，研究人员选取了经常转发布莱特巴特新闻（Breitbart News）和信息战（InfoWars）网站链接的 X 用户作为研究对象，这两个网站被普遍认为不可信。研究人员创建了新的 X 账号，并关注了这些用户。一旦这些用户回关了他们，研究人员就会发送一条私信，内容大致如下："感谢关注！可以帮我一个忙吗？我想知道这条头条新闻的准确性，我在进行一项调查来寻找答案。"私信内容附上了相关头条新闻的链接，并请用户评估其准确性。研究者的目的并非关注用户的具体评分，而是观察他们随后的转发行为。而令人惊讶的是，他们发现这些用户传播错误信息的行为显著减少了。仅仅让某人思考信息的准确性，就能在他们的脑海中植入这个概念。之后，当这些用户考虑分享某个故事时，即使是不同的主题，他们也会首先自问这个故事的真伪。这是一种我们可以自学并实践的行为，无须任何外部提示。

在确认内容的准确性之后，如果我们决定分享某些内容，应该小心不要登上误解之梯。某人可能会转发"新研究证明运动可以提高智商"的内容，尽管其中只提供了证据或数据；或者"某某人的悲惨遭遇证明这个国家对外国人怀有敌意"，尽管这只是孤立的事实。正如我们在第三章中讨论的关于女性成员更多的董事会能更有效应对气候变化的文章发布后，我的领英动态中出现了很多像"性别多元化的董事会表现更好，毫无疑问"和"女性董事比例更高的董事会创造的价值更多，毫无疑问。"这样的内容。然而，在没有充分研究支持的情况下，"毫无疑问"这一表述似乎暗示了问题的结论已不容置疑，从而没有探讨其他可能性的空间——讽刺的是，这种做法与多元化的精神背道而驰。

另一条指导原则是**在批评之前先暂停**。当遇到一篇论文的结论我们不喜欢时，我们会产生强烈的情绪反应，急切地想要驳倒它。当这样的研究进入大众视野，否定者会不经思索地抛出"相关性不等于因果关系"这句话——他们甚至没有阅读过文章，也没有看研究者是否对此已有考量。通常，读者在批评某项研究时会以"我还没读过，但是……"作为开头。这无异于一篇餐厅评价写道："我其实没去那家餐厅吃过，但我觉得那里的食物肯定不好吃。"

正如学者、作者和公司除了追求真相外，还可能受到其他动机的驱使，我们无不是如此。如果我们的目标是让点赞或转发的数量最大化，我们可能会刻意炮制出非此即彼的帖子，迎合确认偏误，宣称自己已经掌握了确凿证据，并以"毫无疑问"作为结尾，来暗示这个案例已有定论。此外，我们或许还会为了增加点赞而选择取消关注那些发表不受欢迎的观点的人，将他们贬斥为恐怖分子、地平论者或气候变化的否定者。

我们有能力做得更好。在撰写帖子或传播研究成果时，我们的目标不应是获得人气，而应该是传递准确的信息。因此，至关重要的是，我们的陈述是否有确凿事实的支撑，这些事实是否经过了广泛的数据检验，这些数据是否考虑了所有可能的其他解释，从而可以算作证据……但是作者应当谨慎，避免直接断言这就是绝对的证明。

小结

- 作为个体，更聪明地思考意味着积极寻求不同的观点。
  - 对于某个特定话题，我们可以搜寻那些持相反意见的文章。
  - 对于更宽泛的话题，我们可以从政治光谱的两端收集新闻。
- 同行评审机制让我们得以站在巨人的肩膀上，他们为我们完成了第二部分的审核工作。对于那些没有发表在顶级同行评审期刊上的研究，我们应该保持审慎。
  - 同行评审并不完美。我们应避免过分依赖单一研究论文，而应通过阅读**系统综述**来了解**科学共识**。
- 公司报告、书籍以及报刊文章从不进行同行评审。我们可以从以下几个方面进行评估：
  - 它是否保持了公正的中立性？
  - 它是否夸大了结果或严谨性？
  - 作者可能存在偏见吗？他们发布这一结果的动机是什么？如果结果相反，他们还会发表吗？
  - 作者的专业资历怎么样？他们的过往研究资质和发表记录如何？他们所供职的机构是什么？
- 我们所有人在抵御错误信息中都很重要。这包括避免以下行为：
  - 避免分享未经审查的研究。转发推文即使不代表对观点的支持，也应当是对其分析过程的肯定。

◎ 对于我们分享的每一项内容，避免登上误解之梯。

◎ 在未核实作者是否已对我们的疑虑做出回应之时，不要急于否定一篇文章。

许多决策并不是由个体做出的，而是由组织共同制定。一个高效的组织不仅仅能让每一个**个体**阅读最佳的科学研究成果，还鼓励他们分享独特的经验、背景和文化。下一章将解释如何利用这种思想多样性，确保整体智慧超越个体智慧之和。

第十章 打造能更聪明思考的组织

1962 年 10 月 16 日，星期二的清晨，美国总统约翰·肯尼迪（John Kennedy）收到了一则令人震惊的消息。国家安全顾问麦乔治·邦迪（McGeorge Bundy）告知他，美国的一架 U-2 侦察机拍摄到了苏联在古巴部署的弹道导弹。

肯尼迪内心满怀恐惧，并交织着愤怒。他所害怕的是，古巴距离佛罗里达州仅 90 英里（约 145 千米），而这些武器的射程为 1200 英里（约 1931 千米）。它们对美国公民构成了巨大的威胁，并可能引发一场全面战争——毕竟美苏之间的紧张关系已经持续了 15 年了。而让他愤怒的是，苏联领导人尼基塔·赫鲁晓夫曾私下承诺并公开宣布，他只会向古巴提供防御性武器。

肯尼迪必须迅速行动——与此同时还要明智。就在 18 个月前，他支持了那场以惨败告终的猪湾入侵行动，那是一次试图推翻古巴领导人菲德尔·卡斯特罗（Fidel Castro）的失败尝试。卡斯特罗在 1959 年领导了一场武装起义，成功驱逐前任领导人而上台。卡斯特罗与苏联联系紧密，因而被美国视为严重威胁。1960 年 3 月，时任美国总统德怀特·艾森豪威尔（Dwight Eisenhower）批准了一项由美国中央情报局（CIA）策划的行动，旨在训练一支由古巴流亡者组成的军事力量，入侵他们的祖国以推翻卡斯特罗政权。

1961 年 2 月，肯尼迪就职后不久，便立刻召集了他最信赖的顾问团队进行商讨，大家一致同意：行动必须继续。为了隐匿美国的介入，他精心挑选了偏僻的猪湾作为突袭的起点。1961 年 4 月 17 日，1400 名古巴流亡者登陆，准备向哈瓦那进发。

但卡斯特罗的情报部门已经听到了风声，严阵以待。古巴的军事力量仅用短短三天便彻底瓦解了入侵行动。在这场行动中，超过 100 名流亡者丧生，1200 余人沦为俘虏；两年后，他们获得了释放，交换的条件是价值 5300 万美元的食物和药品。

猪湾入侵事件的惨痛教训对肯尼迪影响深远。面对这场失败，他深入剖析了事件的根源，其中不容忽视的一点是美国中央情报局和参谋长联席会议（JCS，由最资深的军事主官组成）的盲目自信。他们曾向肯尼迪信誓旦旦地保证，此次行动必将成功，落后的古巴军队无法与经过美国训练和装备的流亡分子抗衡。肯尼迪痛斥他们狂妄自大——"那些胸前挂满勋章的人只是坐在那里，一味地点头，声称这场行动必定成功。"他多次向妻子感叹："天哪，我们竟然有这样一群顾问！"但他把最大的责任归咎于自己。顾问们只是提供建议——最终的决策权掌握在他手中。他坦承自己过于轻信他人，过于顺从，既未对顾问们的建议提出质疑，也未能营造一个鼓励直言不讳的沟通氛围。

耶鲁大学心理学家欧文·贾尼斯（Irving Janis）首创了"群体思维"这一术语，用来解释猪湾事件背后的心理动因。[1] 当个体成员急切地渴望融入集体并寻求认同，所谓的群体思维现象便应运而生。正因为这种现象，他们往往会避免提出那些可能会引起争议的观点，而是倾向于拥护那些他们认为团队所期望的决策。由于攻击行动已获得艾森豪威尔的批准，这成了肯尼迪政府内部普遍接受的观点。贾尼斯指出，他们对这次行动采取了"不加批判地接受"的态度。在每一次会议中，总统都让中央情报局和参谋长联席会议主导讨论进程；对于提出的疑虑，总统总是允许他们迅速地予以驳斥，不留任何质疑或异议的空间。结果，那些原本持有不同意见的人也逐渐放弃思考，选择了沉默。

肯尼迪决心不再重蹈覆辙。就在他得知苏联部署导弹消息的同一天，他便紧急召集了 14 位顾问，组建了一个名为 EXCOMM 的特别小组，即美国国家安全委员会（NSC）的执行委员会。相较于 50 人的庞大团队，在一个十几人的小团体中提出不同观点要容易得多，这个精简的团队设计旨在降低群体思维的发生概率。总统精心挑选了成员，以确保团队中观点的多元性。虽然 EXCOMM 是国家安全委员会的正式执行机

构，但其 13 位固定成员中，有四位并非来自 NSC。同时，团
队还吸纳了来自其他联邦机构的 12 位顾问，以轮换方式参与
讨论。

军事高层，如参谋长联席会议主席马克斯韦尔·泰勒
（Maxwell Taylor）将军迫切主张对导弹基地发起空袭，随后全
面军事入侵。然而，EXCOMM 最终选择了一种更为温和的方
案——对古巴实施海上封锁，以拦截新导弹的抵达，并发出最
后通牒，要求拆除已部署的导弹。赫鲁晓夫同意了撤回导弹的
要求，条件是肯尼迪公开承诺不再对古巴采取军事行动。第二
年，两位领导人建立了一条紧急电话热线，以便在未来的紧张
形势中保持实时沟通。

仅仅 18 个月前，肯尼迪还蒙受着来自全球的耻笑。他是
如何成功避免了一场可能演变为第三次世界大战的核战争呢？
肯尼迪秘密地记录了 EXCOMM 的讨论，这些记录后来被解密
并公之于众；社会科学家们仔细研究了这些记录，以寻找如何
避免群体思维的线索。我们很快就会探讨实际的对话内容，但
在此之前，我们将关注一个较少被讨论的方面——委员会的构
成，尤其是其认知多样性。

观点多样性的力量

认知多样性涵盖了个体在背景、经验、信念、信息解读以
及问题解决策略上的广泛差异。多数关于多样性的倡议都将焦

点放在**人口多样性**上，尤其是性别和种族，[⊖]这些都与认知多样性相关——男人和女人的思维模式不同，不同文化孕育的价值观也不同。然而，有一个往往被忽略的因素：年龄。经历过经济大萧条和金融危机的那代人比那些只经历过繁荣盛世的人更为谨慎。[2] 年轻一代往往在技术层面更为娴熟，但他们可能对技术的能力有着过高的预期；同时，他们对于环境和社交议题也更为关注。[3]

此外，认知多样性包含了许多无法通过性别、种族和年龄等传统人口统计特征来衡量的维度。在多样性统计的视角下，一位年长的白人男性可能不会显得特别突出，但他的专长可能恰好是市场营销，而周围的同事都是会计专业人士；或者他可能出身不太富裕，因此能更好地共情基层员工的顾虑。

鉴于当时还是 1962 年，EXCOMM 的成员几乎是清一色的白人男性，通常情况下这往往容易导致群体思维。然而，出人意料的是，EXCOMM 团队却展现出了不同寻常的认知多样性，这在很大程度上得益于肯尼迪总统本人。军事领导人自然倾向于将武装冲突视为解决大多数争端的最佳手段。美国海军上将阿利·伯克（Arleigh Burke）眼看着就要发表演讲，主张美国应该对苏联实施猛烈的全面轰炸。空军上将托马斯·鲍尔（Thomas Power）也没有时间去考虑折中的方案："我们的目标就是消灭那些混蛋……如果战争结束时，世界上只剩下两个美

⊖ 追求人口多样性并非仅仅是为了克服群体思维，还可能是为了其他目标，如促进社会公正。

国人和一个俄国人，那我们就胜利了。"他们把这种观点应用于古巴导弹危机。在危机的第四天早上，他们一致建议发动空袭，空军参谋长柯蒂斯·李梅（Curtis LeMay）向肯尼迪明确表示："除了采取直接军事行动外，我们别无选择。"

如果艾森豪威尔仍然在任总统，他很可能会采纳这样的建议。在第二次世界大战期间，这位前任总统是陆军将军，并且是美国历史上第五位获得五星上将军衔的人。军队首脑对他极为尊敬，而他也同样信任他们。与肯尼迪相比，这种对比再明显不过了。艾森豪威尔70岁时离任，肯尼迪43岁时刚就职，他缺乏艾森豪威尔那般的威严。这不仅源于年龄的差距，还源于军事资历的悬殊。参谋长联席会议前主席莱曼·莱姆尼策（Lyman Lemnitzer）（两周前由马克斯韦尔·泰勒接替）曾这样评价肯尼迪："这里有一位完全没有军事经验的总统，在第二次世界大战中，他充其量是个巡逻艇艇长。"[4]

但是，莱姆尼策眼中的重大缺陷，对人类来说却是一份宝贵的馈赠，肯尼迪的背景让他看到硬实力的双重性——既看到其优势，也认识到其弊端。面对参谋长联席会议提出的轰炸古巴导弹基地的建议，肯尼迪却提出了封锁的替代方案，这引来了莱曼的讽刺："这简直和慕尼黑的绥靖政策没什么两样。"但肯尼迪的顾问们对军事行动也有微妙的看法。国防部长罗伯特·麦克纳马拉（Robert McNamara）曾阻止伯克发表关于轰炸苏联的演讲，并一度反对扩充空军力量。莱曼嘲讽道："如果赫鲁晓夫成为国防部长，情况会更糟吗？"国务卿迪安·拉斯克（Dean Rusk）也倾向于选择外交手段，而非发动战争。1961 年 7 月，当参谋长联席会议提出要对俄罗斯实施"珍珠港"式的攻击时，肯尼迪在会议结束后对拉斯克感慨道："我们还是人吗？"

　　认为认知多样性对避免第三次世界大战的发生起了关键作用，这确实是一个引人入胜的故事，但只是个故事。EXCOMM 委员会做出正确决策的背后，可能有多种多样的因素。学术研究可以更为精确地确定认知多样性对团队效能的具体影响。伊莎尼·阿加瓦尔（Ishani Aggarwal）及其研究团队对 337 名志愿者进行了一项研究，采用了一种被验证过的方法——"物体—空间想象与言语问卷"[5]，来评估这些志愿者的认知风格，即他们处理和使用信息的方式。随后，研究团队随机将这些被试分为 98 个团队，并通过麦格拉思（McGrath）任务复杂度框架——这一框架在学术界广受认可——对这些团队的"集体智慧"进行了测试。[○]

　　研究人员发现，认知风格更多样化的团队往往拥有更高的集体智慧——但这也遵循着适度原则。这并不是一个简单的非此即彼的问题。实际上，多样性超出一定限度可能会产生负面

　　○　样本任务包括：开展头脑风暴，探索创新思路（探讨一块砖的潜在用途）；进行道德判断（在一个假设场景中，决定对一名大学运动员贿赂教员以提高成绩的行为采取何种纪律处分）；合理分配有限资源（筹划一次团队购物之旅，确保每位成员都能获得各自所需的杂货）；以及协同合作（在共享文档中输入文本，团队成员需独立且同步操作，以避免重复劳动或遗漏文字）。

效果，因为团队成员之间的差异可能如同"说着不同的语言"，从而增加了相互理解的难度。

打造你的梦之队

那么，我们该如何打造一支认知多样化的团队呢？在确定成员之前，我们并不总是有机会能对每位员工进行"物体—空间想象与言语问卷"测试，因此大多数公司需要采取更简单的策略。首先要确保团队在性别和种族上的多样性，但这还远远不够。正如此前所讨论的，团队成员在年龄、职业路径和社会经济背景上的差异，同样会带来不同的生活体验和视角。

另一个有价值的衡量标准是**社会多样性**，即成员来自不同的社会群体。斯拉瓦·福斯（Slava Fos）、伊丽莎白·肯普夫（Elisabeth Kempf）和玛加丽塔·茨图绍拉（Margarita Tsoutsoura）的研究通过分析捐赠记录和选民登记数据，揭示了美国顶尖企业高管的政治党派倾向。[6] 他们的研究发现，当一位政治立场与公司主流意见相悖的高管离职，例如一位民主党人从主要由共和党人领导的公司退出，通常会给公司造成2亿美元的损失——这种损失很可能是由于群体思维现象的加剧所引起的。

另一项由凯瑟琳·菲利普斯（Katherine Phillips）等人进行的研究探讨了社会多样性可能产生影响的途径。研究人员请186名参与者表明自己的政治立场，然后让他们阅读一篇谋杀悬疑小说，推断凶手是谁，并准备与另一名研究参与者进行讨论。[7]参与者被告知他们的对话伙伴持有不同观点，并且他们需要努力达成共识。首先，他们需要撰写一份陈述来阐明自己的观点。他们的对话伙伴将在讨论开始前阅读这份陈述。实验中，一半的参与者被告知他们的伙伴与自己是同一党派的成员，而另一半则被告知对方是对立党派的成员。

研究人员发现，当民主党人被共和党人而非党内人员反驳时，他们为会议做出的准备会更为周密，这一发现基于对其所撰写文章的全面性进行的评估；对于共和党人而言，情况也是如此，只不过党派角色发生了对调。这些结果表明，社会多样性能激励我们更加积极地解决分歧。相对而言，如果对方与我们属于同一个社会群体，我们可能会认为仅凭自己的个人魅力就能说服对方。

上述研究谈到了会议的准备过程，菲利普斯及其合作者共同撰写的另一篇论文则探讨了会议的结果。[8]研究人员找来一群兄弟会 ⊖ 的成员，让他们解决一起谋杀谜案。五分钟之后，他们向这个群体介绍了一个新成员。比起新人同样是兄弟会成员的情况，在新人并非内部成员时，这个群体更有可能正确地识别出凶手。

有趣的是，这种优越的表现并非因为新成员贡献了自己的新想法。相反，是因为他的加入改变了原有成员之间的互动

⊖ 研究姐妹会的成员时也得到了相同的结果。

模式。在最初的五分钟讨论中，兄弟会成员们通常对谁是罪犯有不同的看法。但当外部新成员加入讨论并表达了自己的看法时，与新成员观点一致的成员发现自己处于尴尬的境地——自己与外来者而非"自己人"的意见更为一致。这种紧张感使他们更愿意尝试理解"自己人"的相反观点。相比之下，当新成员同样来自兄弟会，他们便不会感受到这种冲突，会继续与兄弟们唇枪舌剑。这一发现进一步印证了菲利普斯之前的研究成果：社会多样性会促使人们更加认真地对待不同的观点。

从多元到共融

确保多样性只是第一步。许多公司采取的是"增加多样性然后使人员均匀分布"的方法，他们认为只要组建了一个多元化的团队，就可以坐享其成，期待业绩的自然攀升。然而，真正的关键在于多元和共融的结合，这样才能为来自不同背景的同事营造一个可以自由分享观点的环境。缺乏包容性，组织就无法完全发挥多样性的潜力。实际上，我们已经观察到，单靠性别多样性并不能自动提升绩效。这可能是因为人口多样性与认知多样性并不总是一致的，或者是因为缺乏真正的包容性。

我希望能超越仅着眼于人口统计多样性的现有研究，而去深入探讨包容性的重要性。在进行员工满意度研究时，我参考了"最佳工作公司"榜单，这份榜单是基于对各家公司员工就 58 个不同问题的调查结果汇编而成的。虽然对外公开的只有榜单本身，但我和卡罗琳·弗拉默（Caroline Flammer）、西蒙·格洛斯纳（Simon Glossner）获得了对参与者回答的私密访问权限。在这 58 个问题中，有 13 个涉及多元共融，例如"这是一个心理和情感上都健康的工作场所""在这里我可以展现真实的自我"，以及"管理者不会偏袒员工"。（其他问题则探讨一般的员工满意度，比如"我得到了完成工作所需的资源和设备"。）

我和卡罗琳以及西蒙发现，公司在这 13 个多元共融问题上的得分与董事会、首席执行官的岗位或整个员工队伍中的性别和种族多样性无关。实际上，我们注意到一些公司在人口统计多样性方面虽然表现突出，但在促进多元共融方面却未见显著成效。这种区别很重要：我们的研究表明，多元共融与公司未来的绩效提升有关联，而单纯的人口统计多样性与绩效则不具备这样的联系。[9]

肯尼迪、麦克纳马拉和拉斯克都参加了猪湾事件的审议，但他们未能阻止这一失误，或许是因为单靠认知多样性是不够的。在古巴导弹危机中，总统和 EXCOMM 采取了一系列措施，以确保认知多样性和包容性。部分成员最初倾向于支持空袭，但在急于辩论其优劣之前，EXCOMM 首先全面列举了所有可行的选择——类似于考虑你所支持的理论之外的其他可能。这些选择包括：空袭，封锁，不采取行动，向苏联施压以撤除导弹，要求卡斯特罗与苏联划清界限（否则对其进行入侵），以及全面入侵古巴。[10]

对这六个方案进行讨论后，EXCOMM 将选择范围缩小到了空袭和封锁这两个方案。[○] 随后，他们分成两组，每组负责为其中一个最终方案提出辩护。正如罗伯特·肯尼迪（Robert Kennedy）在《十三天：古巴导弹危机回忆录》（*Thirteen Days: A Memoir of the Cuban Missile Crisis*）中所述，每个团队都撰写了详尽的论文，这些论文以"总统向全国发表的演讲大纲及随后行动的全面方案"作为开头。这两个计划被呈交给肯尼迪，他选择了封锁这一方案。

肯尼迪采取的第二个关键步骤是主动缺席了许多会议，以确保团队成员不会感到被迫支持他们认为总统偏好的行动方案。不仅肯尼迪没有亲自主持这些会议，会议根本就没有设立主席。正如罗伯特·肯尼迪所述："在这些讨论过程中，我们都以平等的身份发言……对话是完全不受限制和拘束的。每个人都有平等的机会表达自己的观点，并直接被听取。这是一个极其有利的程序，但在政府行政部门并不常见，这些部门中等级通常非常重要。"

EXCOMM 审议过程的诸多特点对任何组织而言都有借鉴意义。它倡导全面考量所有可能的方案，而非基于单一方案进行匆忙决策。这是**头脑风暴**的做法。有时，头脑风暴是对已知问题的一种回应，例如古巴导弹危机或新竞争对手的出现。然而，头脑风暴也可以在没有具体问题需要解决的情况下

○ 封锁在技术层面也被称为"隔离"，"封锁"在法律上被定义为一种战争行为。

进行—— 一些最伟大的创新并非源自有待解决的问题，而是源自发现问题：即找到一个没有人积极寻求解决的问题的解决方案。例如，并没有人要求亨利·福特（Henry Ford）制造汽车，他的一句名言经常被引用："如果我问人们他们想要什么，他们会说更快的马。"

与此相关的是所谓的**蓝天思维**（blue-sky thinking），这是一种自由畅想、天马行空的头脑风暴——人们自由分享可行的想法，哪怕是不切实际的想法。某个人可能会构思出一个因预算限制或技术障碍而无法实现的构想，但这样的想法可能激发另一个创意，进而催生一系列新的想法。最终，你可能会找到一个既新颖又切实可行的好办法。

在"蓝天思维"的实践中，一个普遍的问题是团队成员可能因为担心显得愚蠢而不愿意分享奇思妙想。罗伯特·肯尼迪倡导每个人都以平等身份发言，这无疑是理想的状态，但EXCOMM 中却汇集了美国最高级别的决策者。他们已经是最有权势的人物，他们的声誉可能会因为提出一个被否决的建议而受损。在公司环境中，初级员工可能会感到更加不安。一个简单的解决办法是匿名提交建议，将它们写在小卡片上，然后由协调员来宣读，或是通过电子方式匿名提交。

就像大多数事情一样，保持匿名并不总是一种更好的方式——这并不是非此即彼的问题。你可能希望更多地考虑资深人士的观点，因为他们的经验更丰富。但重要的是他们的建议背后的逻辑，而不是他们的经验。德尔菲法（其得名于德尔菲的神谕）对匿名头脑风暴的估算过程（如预测新产品销量或评估公司价值）做出了两项改进。一是小组成员不仅要提出自己的预测，还要提供预测的依据。二是同事们会基于第一轮匿名预测和理由对自己的预测进行修订。那些专业知识有限的人因此能做出明智的预测，而其他人则会坚持自己的立场。这个过程会重复多次，直到预定的轮数完成，或者在达成共识后停止。

虽然肯尼迪回避出席 EXCOMM 会议，但有些领导者可能希望亲自在场，听取会议讨论过程。这样的话，他们应该让初级员工先发言，以免他们受到上级观点的影响。然而，这可能还不够。在会议开始前，初级员工可能已经从多方渠道了解到高层对议程项目的看法，因此他们可能会倾向于说出上级希望听到的话。因此，亚马逊实施了**无声开场**策略：员工在会议开始时才接触到预读材料，并且有半小时的时间安静地阅读。⊖这样，他们就不会事先知道上级的观点，他们分享的观点才是他们真正的想法。

确保所有意见都被听取的另一种方法是**进行投票**。这方法看似显而易见，但实际上常常被忽视。我曾担任一个执行委员会的成员六年时间，这个委员会根据成员的共识来做出决策——即通过观察会议室的气氛来决定。当我提议进行投票时，主席拒绝了，声称这太正式，可能会破坏委员会的友好氛

⊖ 亚马逊创始人杰夫·贝佐斯使用了"学习厅"这个术语。

围。然而，会议室的氛围往往由最激烈的声音左右，因此那些"沉默的大多数"的意见往往被忽视了。

在一次会议上，几乎所有人都对某项行动方案表示了赞同。然而，几个月过去了，这个行动迟迟未能启动，我对此感到疑惑，于是询问其缘由。主席表示，委员会内部有意见分歧。实际上，所有的女性董事都表示支持，还有一些不太爱说话的男性也支持。然而，只因为有一位强势的男性董事反对，主席就认为意见有分歧。对于局外人来说，鉴于委员会内部成员的性别平衡，主席这样做似乎是在维护观点的多样性，但缺乏包容性的态度使得这种多样性变得无关紧要。投票表决可以确保每个人的声音都被听到，而试图维持友好的氛围可能会导致委员会沦为"老男孩俱乐部"。

投票也应当采取一种能为表达不同意见留出空间的方式。设想这样一个常见的场景：主席需要获得多数人的支持才能做出决策，比如任命新成员。在会议间隙，他通过电子邮件发送提名，并要求收到回复。不一会儿，有人"回复所有人"，极力强调主席做出了多么明智的选择。紧随其后，第二个人也"回复所有人"表示同意，紧接着，更多表示同意的回复如多米诺骨牌般汹涌而来。

当你仔细阅读完提案，对此有些疑虑，准备投下反对票。但由于你加入电子邮件讨论较晚，你发现已经有五名同事对提案表示了支持。你可能会感受到压力，倾向于随大流，投下赞成票，因为与多数人意见相左往往让人感到不安。值得注意的是，一项具有里程碑意义的经济理论表明，**即使你没有这样的顾虑**，可能你觉得表达不同观点并非可耻之事，但如果你的唯一目标就是帮助团队做出正确的决策，那么你仍然可能会选择投赞成票。[11] 你可能会这样推理："既然五名同事都认为这是个好主意，那一定是我错了。"这被称为"信息流瀑"—— 一系列意见相同的投票会迫使你压抑自己的观点，随波逐流。这样，团队便永远无法从你的独特见解中获益。

解决办法其实很简单：主席可以要求成员们通过电子邮件私下提交投票，这样他们的选择就能基于自己的独立判断，而不被别人的选择干扰。如果主席希望在投票前进行小组讨论，他可以要求每个人先发送他们的观点，然后在某个特定时间统一发布所有邮件，这样讨论就不会被第一个按下发送键的人所左右。

处理能力

头脑风暴和德尔菲法有助于确保观点的多元，但这些方法往往需要大量的时间投入。要做到包容，更关键的是确保"微过程"正确无误。这些细微的调整能带来重大的影响——特别是，它们有助于确保包容性深深植根于一个组织的基因中，而不仅仅是在画满记号和图表的会议中昙花一现。

一种做法是**取消默认决策选项**，这样人们就不会受其影响。我曾担任皇家伦敦资产管理公司旗下八个可持续基金项目的责任投资咨询委员会成员。我们的职责之一是提供外部视角，判断特定企业是否符合可持续性标准：如果符合的话，则考虑向这家公司投资。过去，内部团队常常会撰写一份报告，先列出他们的评估结果，然后阐述支持或反对这些结论的原因。这与公认的优秀写作方法相契合——即先明确要点；而非像悬疑小说那样把要点留在最后。

但这种报告结构意味着我们默认了团队的观点。如果我们事先知道他们建议排除某家公司，我们就会不自觉地更加关注报告中的负面信息，而忽略正面信息。现在，报告的格式调整为仅罗列出论点，把建议放在最后。这样的改变使得我们能形成独立的见解，并据此决定是否同意团队的看法。

另一个微过程是**简化层级**。飞行员过去被敬称为"先生"，这一称呼暗示着机组成员自认为地位较低，无法挑战飞行员的权威。社会科学家约瑟夫·索特斯（Joseph Soeters）和彼得·博尔（Peter Boer）对 14 个国家的空军进行研究，发现在"权力距离"（即公民对权力差异接受程度的衡量）较大的国家中，事故率往往也更高。[12] 过分执着于等级划分可能会导致丧失生命。

简化层级的一个简单做法就是缩减头衔的差异。在大多数投行，职级体系错综复杂，涵盖分析师、助理、副总裁、执行董事和总经理等。当你收到一封电子邮件时，你会查阅内部通讯录，确认发件人的职位等级。他们的头衔决定了你对他们的建议的重视程度，以及你回应其请求愿意投入的时间。随后，你基于他们的身份地位，而非意见本身的质量来对他们的评论进行评价；即便高管的提问并非业务的关键，你也会立即放下手头的工作去满足他的好奇心。

2022 年，瑞银集团宣布从内部通讯录中移除所有头衔。同年早些时候，瑞银已经取消了高于总经理的职位，例如"集团总经理"和"事业部副总裁"等。一旦晋升为总经理，便意味着跻身公司最高管理层，因此不再需要进一步的头衔区分。在我的银行职业生涯初期，我和一位副总裁曾花费了 20 分钟讨论并购部门的负责人是否比公司财务部的负责人地位更高，因为这直接影响到我们即将发送的电子邮件的"收件人"一栏谁的名字应该排在前面。层级制度的重要性已经渗透到了银行文化的方方面面，以至于在群发邮件中将某人排在第二位都可能被视为不敬。（最终，我们将一位负责人放在"收件人"栏，另一位放在"抄送"栏，这样每位都能享受到被放在第一位的荣耀。）

第三个微过程是**包容失败**。如果错误会招致惩罚或给他人留下负面印象，人们就不会追求最大胆的创新，甚至不会在头脑风暴中提出这些想法。许多公司专注于避免在执行层面犯错（避免做失败的事），但这种关于错误的执念往往会让人们错过错误的价值（即避免尝试新事物）。

有的公司不仅能容忍错误，还对错误进行积极奖励。他们为那些虽然最终未能成功却提供了宝贵学习机会的想法颁发荣誉，甚至举办"失败派对"来庆祝这些收获。正如美国财务软件公司 Intuit 的联合创始人斯科特·库克（Scott Cook）所言："每一次失败都教会了我们一些重要的东西，这可能是下一个伟大创意的摇篮。"皮克斯动画工作室设立了"失败画廊"，用于展示那些未曾出现在最终电影中的角色、场景和笑料，这展示了他们的信念——失败也可以是一门艺术，就像电影中的花絮一样。（除了拥抱失败，皮克斯还定期与同事分享未完成的动画作品，这样大家就不会害怕展示非常粗略的草稿。）一些组织选择公开透明。在过去的十年间，非营利组织"无国界工程师"（Engineers Without Borders）发布了一份详尽的报告，记录了当年的失败案例，其中包括最初的意图、真实发生的情况以及从中汲取到的教训。

最后一个微过程是**要求态度坚定的人详细阐述他们的观点**。被要求精确地阐述某件事情可能会让这些人意识到，他们对这个话题的理解并不像他们原先所笃信的那么深入，从而更愿意听取不同的观点。耶鲁大学心理学家莱昂尼德·罗曾布利特（Leonid Rozenblit）和弗兰克·凯尔（Frank Keil）通过一项研究展示了这一点。[13] 他们选择了诸如马桶冲水机制、钢琴键如何发出声音以及直升机如何飞行等话题，并让学生对这些话题的了解程度进行自我评估。大多数人都给自己打出了高分。随后他们被要求描述这些机制的实际运行步骤，之后再次评估自己的知识水平。由于他们的解释往往不够充分，事后他们会更加谦虚，并降低自己的评分。

你可能会认为了解马桶的工作原理与决定是否要对古

巴实施轰炸是两件截然不同的事情：前者是对现实情况的客观描述，后者是对未来行动的主观判断。菲利普·费尔巴赫（Philip Fernbach）及其合作者展开了一项类似的研究，他们将日常家用品替换为公共政策议题，例如是否应该征收全国性肥胖税，或者教师薪酬是否应该基于绩效。[14] 另一个变化是研究要求参与者不仅要评估他们对问题的理解程度，还要评估他们对所持立场的坚定程度。与罗曾布利特和凯尔的原始研究结果一致，那些被要求解释自己立场的人降低了自己对问题的理解程度的评分，另外，他们的坚定程度也有所减弱——这使得他们更愿意听取不同的意见。

亚马逊将这些研究成果应用于他们的"无声开场"会议模式。预读材料是一份以散文形式撰写的完整的备忘录，而不是幻灯片。幻灯片会让你罗列一连串术语要点来营造出知识渊博的假象——即使你可能并不理解这些术语，也可以轻易地从谷歌上复制、粘贴。相比之下，备忘录则要求你构建一个完整的论证闭环，并阐述你的推理过程，这样就能避免在没有充分理解的情况下草率地搬出专业术语，信口开河。

魔鬼代言人

我的心都快要跳出来了，冒了一身冷汗。作为一名博士生，在教授云集的会议上发表演讲，紧张是预料之中的。就在刚才，我完成了我的演讲。尽管我演练了十几次，但始终未曾感到过十足的自信。这一天终于到来，我顺利地完成了，可为什么我还是如此紧张呢？

当我缓缓坐下，帕特里克·博尔顿（Patrick Bolton）起身站立。他是一位在全球公司财务理论研究中享有盛誉的专家，我的演讲主题恰好触及了他的研究领域，而且他后来还荣升为美国金融学会的主席，这是金融界最显赫的职位之一。帕特里克此次出席会议并没有展示自己的研究结果，而是担任"讨论者"的角色——他提前审阅了我的论文，此刻正准备提出他的见解。

讨论开始时，气氛还挺好的，帕特里克称我的想法"在直觉上具有可信度"，但紧接着，他话锋一转，指出我的研究中的一项关键内容"毫无意义"。这番话犹如一记重拳，直击我的腹部。能够出席这次会议，我本来就感到无比激动，毕竟参会者都是教授，我是唯一的学生代表。但现在，我担心他们会回去向同事们讲述，有一个冒失的年轻新手不请自来，在这个资深学者的聚会上发表了一通胡言乱语。

帕特里克接着开始讨论会议中的下一篇论文，但我太过沮丧，压根就没有听进去。那项研究出自一位资深教授之手，所以帕特里克肯定会大加赞美，这无疑会让我的研究看起来更加不足。当帕特里克提到这项研究可能存在内生性问题的时候，我猛然从沉思中惊醒。我没有听错吧？正如我在第六章所写的，内生性的变量可能会将证据降格为数据。我抬头看向幻灯片，果然，"内生性问题"赫然显示在屏幕上，如同白昼的阳光一样耀眼。

那是为期一周的会议的第一天上午。接下来几乎每一场后续讨论都延续了之前的帕特里克式的批判基调。讨论之初总是对研究者提出的问题给予肯定，但紧接着便会深入剖析他们为何未能彻底解决问题，或许是因为存在其他可能的解释，或者是一些微妙的争议。在那一周里，我逐渐意识到，建设性的批评本来就是学术研究过程的一部分。在会议上展示论文的全部意义在于，个人的研究只能将想法推进到一定程度，无法完全深入。接受负面评论并不是什么可耻的事——它是学术交流中的常态。如果讨论者给出的全是正面评价，反而会让人怀疑其可信度，听众甚至可能怀疑你是否抓住了对方的什么不利把柄。

这种做法的价值超越了学术界。尽管第二部分强调了科学方法的重要性，但在这里我们着重探讨的是**科学文化**的价值所在——那是一个人们敢于提出大胆和创新想法的环境，一个积极寻求多元视角并根据这些反馈调整提案以回应批评的场所，这对任何组织来说都异常宝贵。如果提出的计划会被批评是一种常态，那么遭到反驳也不是什么令人难堪的事。人们也不会害怕提出自己的疑虑——公开讨论反而能帮助同事完善他们的想法，而非在背后暗箭伤人。指出问题也不是什么残忍的事；相反，真正的冷酷无情是在发现问题后选择缄默不语。

在学术领域之外，"讨论者"的角色往往类似于"魔鬼代言人"，其使命在于揭示提案中的潜在缺陷。[⊖]有时候，这一职责会由一个专门的团队来承担，这个团队被称作"红队"。[⊜]美国国家安全委员会执行委员会（EXCOMM）便采用了这种做法：在双方各自完成了初步文件之后，他们会交换文档，并对彼此的提案提出反馈。基于这些反馈，原始团队会对计划进行相应的修订，以确保充分考虑到对方的意见。

有时，不必刻意去组建一支红队；如果企业文化得当，红队自然会形成。当阿尔弗雷德·斯隆（Alfred Sloan）掌管通用汽车公司时，他在一次会议结束时间道："我想我们都完全同意这个决定，对吧？"在场的每个人都点了点头。斯隆接着说："既然如此，我建议我们将这个议题的深入探讨留到下次会议，给我们一点时间来酝酿不同的观点，这样我们或许能更全面地理解这个决定。"他相信没有哪个决策是非黑即白的，如果没有人提出质疑，这并不是因为决策真的没有任何问题，而是因为同事们尚未有足够的时间去深思熟虑。

魔鬼代言人的角色甚至可以实现自动化。新加坡星展银行

⊖ 魔鬼代言人的概念最初由天主教会引入，这是为了回应人们对被封为圣徒的人实际上并不够格的担忧：魔鬼代言人的任务是找出候选人的缺点。

⊜ 红队最初被用于在军事战争游戏中模拟敌方，来假设性地攻击本方的"蓝队"。它们也被用于其他存在明确对手的环境，例如任命黑客尝试侵入网络安全系统，派遣卧底特工携带致命武器通过机场安检，或者委托律师扮演对方律师的角色来驳斥你的案件。然而，即使没有已知的敌人，一个团队也可以通过合作来判断某项策略的风险。

在每一次重要会议中都会引入一个名为 Wreckoon 的角色。这个手持锤子的浣熊形象的吉祥物成了会议中的"意外嘉宾"。在会议进程中，Wreckoon 的形象会随机出现在幻灯片上，抛出一连串的问题，比如"我们遗漏了什么？""我们最冒险的假设是什么？""可能会出什么问题？""数据支持在哪里？"，这样的介入会让领导者们暂停下来，为不同的声音和观点腾出表达的空间。

　　意识到批评是不可避免的，这会激励你在事前尽可能地完善自己的想法。研究者们在将论文提交给讨论者之前，会尽其所能地寻找自己论文中的潜在缺陷。这种做法被称为"预验尸"。而"事后验尸"则是在决策已经失败之后，你试图弄清楚失败的原因。在"预验尸"的过程中，你假设失败已经发生，并思考所有可能的原因——例如 CEO 的离职，或是策略过度依赖于个人的远见。

　　科学文化的终极特质是**对异见的尊重**。你可能会好奇，为什么有人会愿意担任讨论者的角色——不远万里飞来，只为了在会议室里扮演"反派"的角色。但这个行业非常尊重那些能够提出严格而有建设性意见的成员。这样做不只提升了他们的声望，许多学术会议还会向这些专家颁发"最佳讨论者"的荣誉。

　　一些公司致力于培育这样的企业文化。X 会对那些能够发现致命缺陷并使团队项目暂停的员工给予奖励。这种做法进一步激发了 X 的工程师们大胆创新——即便他们提出的想法看似疯狂且存在根本性问题，他们也深信同事会发现这些问题，并在项目耗费公司数百万美元之前及时叫停。这就如同汽车的刹车系统越可靠，驾驶者就能越安心地踩下油门，全速前进。

这种认可不应仅限于直接的反驳，还应扩展到不同观点的简单分享。在我任职于摩根士丹利的日子里，每半年的评估总结都是一张布局严谨的六行两列表格。左列记录了三个优点和三个需要改进的领域；右列则用于填写非常规的评语，这一栏通常都是空白的。在我收到的评估中，仅有一次在"右列"留下了评论，那是在我第一次收到评估的时候："值得注意的是，尽管亚历克斯是刚入职第一年的分析师，他却敢于表达自己的见解，这种自信值得赞赏和鼓励。"这让我很震惊。人们普遍认为，理想的新员工应该是那种埋头执行命令、没有多余问题的人。这条评语纠正了我的偏见——它清楚地表明，无论我们的经验多么浅薄，银行都珍视我们的观点和见解。

除了正式的评估，在会议结束时，主席也可以私下对那些敢于提出异议的成员表示感谢，认可他们这样做的勇气。这种做法极为珍贵，尤其是当这些疑虑并没有改变最终决策时，同事们可能会觉得自己的观点未被采纳，他们的努力徒劳无功——甚至可能认为自己的发言是不必要的干扰，增加了会议的时长。

然而，并非每家公司都对不同意见持开放态度。2022 年

5月，汇丰银行责任投资部门的主管斯图尔特·柯克（Stuart Kirk）发表了一场演讲，指出投资者不必对气候变化过度担忧。这场演讲迅速引发了广泛的争议，但其实际内容要比媒体标题所暗示的更为微妙和复杂。柯克指出，即便地球气候变暖，我们仍可以投资于那些能适应更高气温的项目。[⊖]他并未否认气候变化对**社会**构成的严重威胁，而是提出，鉴于**投资者**的投资周期通常较短，他们不必直接承担这些风险。尽管汇丰银行此前已经认可了他的演讲内容，但最终还是决定对柯克实施停职处理。这场风波最终导致他在不久后选择了辞职。

　　柯克的演讲中不时流露出讽刺的意味，其中最引人热议的一句是："谁会在意百年后迈阿密是否会低于海平面六米？阿姆斯特丹长期以来就是个海拔低于海平面六米的城市，它依然是个非常美好的地方。我们将有能力应对这种情况。"然而，如果我们能够压抑这种语气引发的情感反应，深入探讨演讲的实质内容，便会发现柯克实际上提供了一种值得深思的宝贵观点——我们过于关注减缓气候变化的措施，却忽视了适应性的策略，而且，除非监管机构通过碳税等措施让投资者付出代价，否则他们不会对气候变化感到足够的担忧。因此，因为发表异见而遭到停职处罚，即便是在我们情感上极度关注的议题上，也应被视为对思想多样性的不当压制。

　　⊖ 例如，构筑抵御海平面上升的防护工程，以及培育适应更高气温环境的新型农作物。

小结

- 创建一个能更聪明地思考的组织，意味着必须克服**群体思维**——那种追求与他人观点一致的欲望。

- 为了克服群体思维，需要招募在认知上多样化的同事，而非仅仅是在人口统计层面的多样化，并积极采取措施来利用他们的集体智慧。

- 正式的步骤包括：
  - 利用"头脑风暴"解决问题：在专注于特定选项之前，充分考虑所有可行的方案。
  - 利用天马行空的"蓝天思维"发现问题：这种思维方式不受预算或技术可行性的限制。
  - 引入"无声开场"模式：会议议程和文件只在会议开始时发布。讨论开始时，初级员工率先发言。
  - 对重要决策进行匿名投票，而不只是基于对会议室氛围的感知做出判断。
  - 采用德尔菲法进行预测，并要求预测者提供理由。

- 非正式的微过程要确保每个人都被真正倾听，而不仅仅是被听到，并且愿意分享大胆或逆反的想法。这些微过程包括：
  - 取消默认决策选项。
  - 简化管理层级，淡化职位头衔。
  - 庆祝有建设性意义的失败。

◎ 要求持有坚定意见的人详细阐述观点。

- **科学文化**推崇创新性想法，并积极寻求批评。包括以下措施：

  ◎ 打造红队：指派一个小组担任"魔鬼代言人"的角色。

  ◎ 奖励异议：尊重持异见者，以此鼓励魔鬼代言人的出现。

  ◎ 事前验尸：设想一个想法已经失败，并深入探究原因。

正如组织不仅仅是个体的简单集合，社会也不仅仅是组织的叠加。在最后一章中，我们将探讨如何打造一个能更聪明思考的社会。

第十一章　打造能更聪明思考的社会

"教育，教育，教育。"在 1997 年英国大选中，工党领袖托尼·布莱尔（Tony Blair）如此强调他执政后工作的重中之重。那么，重视教育是否也是打造一个能更聪明思考的社会的关键？在知识日益普及的今日，我们是否真的能够凭借此抵御错误信息的侵袭？

经过先前的讨论，你可能已经意识到，答案并非如此简单。在本书的第一章，我们就意识到，教育实际上会加剧偏见，因为它赋予了我们进行动机性推理的能力。然而，如果我们一刀切，认为任何形式的教育都不会起作用，就陷入了非黑即白的思维陷阱。诚然，通识教育和传统的标准数学教育可能效果有限，但专注于纠正错误信息和错误推理的教学方式仍然可能奏效。那么，哪些教育途径可能会有所帮助呢？就像在医学领域，正确的诊断是治疗的前提——要找到解决问题的最佳方案，首先需要准确识别问题的根源。

我们之前已经探讨了洛德、罗斯和莱珀的研究成果。研究发现，人们在阅读关于死刑观点的论文时，热衷于支持那些与自己观点一致的文章，而拒绝接受与自己观点相悖的文章。罗斯和莱珀与伊丽莎白·普雷斯顿（Elizabeth Preston）合作，进行了一项调查，探究了导致这样的偏见的原因。[1]一种解释是**意识层面**的——学生们没有意识到他们存在党派偏见。第二个解释是**认知层面**的——他们虽然希望能正确理解问题，但却缺乏正确解读数据的能力。

在这项新研究中，研究者们重复了之前的实验设计，但增加了一个新的环节：他们要求部分参与者在实验过程中"**尽可能保持客观与公正**"，目的是提高他们对自身潜在偏见的意识。与此同时，对于另一组学生，研究人员则提供了认知策略上的建议：引导他们思考，如果研究的结论与实际观察到的数据相悖，他们将会如何应对。

这意味着什么呢？通常情况下，如果一个反对死刑的人发现实行死刑的州谋杀率实际上更高，他很可能会立即将这一数据解读为对自己立场的佐证。而"考虑相反情况"的策略促使他反问自己，如果研究显示实行死刑的州谋杀率实际上更低，他将如何做出反应。他可能会寻找其他可能的解释——比如，可能是因为这些州的经济状况更为优越，从而降低了犯罪率，而非死刑的威慑效果。通过这种方式，她意识到了其他竞争性理论的存在，并且认识到这些理论也可能对研究的真实结果产生影响，因此她不再仅仅基于表面数据做出判断。事实上，研究结果显示实行死刑的州谋杀案件数量更多，但她现在开始意识到，这或许是因为这些州的经济实力较弱。

查尔斯、马克和伊丽莎白发现，"保持公正"的建议并没有产生预期效果——学生们依旧倾向于认为那些与自己观点相符的研究更加令人信服。但是，"考虑相反情况"的策略有效纠正了这种带有偏见的解读：人们对一项研究的评估不再取决于他们是否喜欢研究结果。紧接着，研究人员开展了一项独立的实验，目的是证实"考虑相反情况"策略同样能够帮助人们摆脱信息搜索过程中的偏见。

"考虑相反情况"的策略与我们之前讨论过的克服偏见的其他策略有相似的地方。在彼得·沃森的"2-4-6"问题中，我们明白了应当尝试证伪，而非证实我们关于连续偶数的理论。第九章建议我们应该自问，如果一项研究得出了与预期相反的结论，我们是否还会相信它？研究者是否依然会发表该研究？在所有这些例子中，换一个角度看问题能够让我们拥有更加清晰的视野。

批判性思维的重要性

查尔斯、马克和伊丽莎白的研究成果引人注目，又鼓舞人心。它们表明，我们可以战胜错误信息，但这并不像让人们意识到自己的偏见那么简单——这些偏见太过根深蒂固，人们无法应对，这也是本书没有在第一部分就结尾的原因。正确的做法是教授具体的技巧来培养批判性思维，而这一切应从课堂教育着手。"**考虑相反情况**"策略应当纳入每所学校的课程体系：它引导孩子们对站不住脚的研究持怀疑态度，鼓励他们接纳多元化的观点，并勇于质疑自己的理论。这种技巧可以通过逻辑难题来传授，正如我们使用狐狸、鸡和粮食过河问题来培养解决问题的能力一样。⊖

彼得·沃森除发明了"2-4-6"智力游戏，还设计了一个知名的谜题，其目的在于凸显考虑反面情况的重要性。你将得到四张双面卡片，卡片的一面印有字母，另一面印有数字，如下图所示。

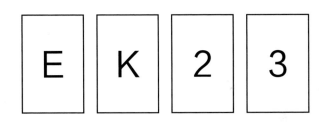

你需要翻看哪两张卡片来测试以下规则？——"如果一张卡片的一面是元音字母，那么它的另一面就是个偶数。"

选择第一张卡片很容易——"E"，因为如果它的背面是奇数，那就证伪了这条规则。大多数人在选择第二张卡片时会选"2"。由于规则提到了元音字母和偶数，所以选择"E"和"2"

⊖ 问题如下：你有一只狐狸、一只鸡和一袋粮食。你每次只能带其中一个过河。如果狐狸和鸡在一起，狐狸会吃掉鸡；如果鸡和粮食在一起，鸡会吃掉粮食。怎样才能让这三者都能安全地被运送过河？

是我们的本能反应。我们希望"2"的背面是元音字母，但这只是与规则相符——并不能验证规则。而如果"3"的背面也是元音字母，那么规则就被证伪了。因此，我们应该翻看的第二张卡片实际上是"3"，来尝试反驳这条规则。翻出元音字母能证明规则是错误的，但如果翻出辅音字母，则不能推翻这条规则——反而证实了这条规则。将这类思维游戏纳入学校课程中，将有助于孩子们为培养终身的批判性思维打下基础。

第二个需要传授的至关重要的技能是**统计素养**——即区分事实与数据、数据与证据以及证据与证明之间的差异的能力。我们生活在数字泛滥的世界中，但孩子们往往要到学习 GCSE（英国初中水平）数学时才会正式学习统计学。然而，统计素养其实可以从儿童时期就开始培养——解读数据往往只是简单的逻辑问题，不需要任何数学技能；在本书中，我们甚至没有引入过任何方程式。理解相关性并不等同于因果关系，就像意识到存在其他可能的解释一样简单，就如同儿童智力游戏中的"谁是凶手"谜题，总有多个潜在的嫌疑犯。心理学家杰弗里·方（Geofrey Fong）、大卫·克兰茨（David Krantz）和理查德·尼斯贝特（Richard Nisbett）的研究显示，教授基础统计学能够提升人们在处理日常问题时的判断能力。令人欣慰的是，你所学到的技能具有普适性——那些未明确接受相关法则指导的研究参与者所表现出的进步，与那些接受了指导的参与者一样显著。[2]

统计素养提供了避免确认偏误的方法，而**好奇**心则是驱动这一过程的动力。丹·卡汉（Dan Kahan）领导的研究团队采用了多种手段来衡量科学好奇心。[3]例如，研究人员让学生们从四个不同的渠道（科学类型杂志《科学》、体育网站 ESPN、雅虎财经以及专注于名人新闻的《每日热点》）选择一篇新闻进行阅读；同时，他们还记录了学生们愿意观看科学视频的时长。随后，参与者被询问他们如何看待全球变暖对社会带来的风险。不出所料，民主党学生评估的风险程度高于共和党学生。更令人意外的是，随着科学智力（通过一组独立问题进行评估）的提升，民主党学生对全球变暖的风险的评估呈现上升趋势，而共和党学生对风险的评估却在下降，这一现象与知识驱动的动机性推理相吻合。然而，科学好奇心却带来了不同的影响——无论是自由派还是保守派，对全球变暖风险的评估都有所提高，且并未出现明显的政治分歧。

激发孩子们的好奇心有很多方法。比较正式的包括制作关于科学、艺术或人文学科的儿童电影和电视节目。就像在组织中培育组织文化一样，激发好奇心同样也需要非正式的微过程——尤其是持续激励孩子们提出问题，而不仅仅是背诵和记忆事实。蒙特梭利教育法注重孩子的独立性和自主学习，为他们提供反思和挑战的空间。我上学时，美术老师总是引导我们"用心观察，真正看见"，而不仅仅是"去看，去辨认"——不能仅仅是看到一座建筑，辨认出它是一栋房子，而是要观察到其独特之处，比如它的窗户是拱形，而非传统的矩形。

这不仅适用于年轻人。我们可以通过看纪录片、逛博物馆、看展览、听讲座等方式对知识保持好奇心，这些活动让学术内容更加贴近大众，减少了其神秘感。在第三章中，我提到了英国的一家机构——格雷萨姆学院，该学院为公众免费提供涵盖天文学、神学和环境保护等主题的讲座。听众群体广泛，从学龄儿童到退休人员都有，而且这些讲座还以视频重播、播客和文字版的形式供人学习。

　　考虑相反情况、统计素养和好奇心都有助于我们更好地理解所接收的信息。然而，要想做到聪明思考，我们还需要有能力形成自己的论点。教育学家大卫·佩金斯（David Perkins）教授发现，普通的学校教育往往容易使人形成更多片面的看法——在棘手的话题上，人们倾向于提出更多支持自己立场的论点，但对反对立场的论点影响微乎其微。[4] 一个为期四周、专注于推理的课程显著增加了对立观点的数量，这与我们了解到的针对性教育的价值相一致。[5]

　　但最显著的效果并非来自课堂教学，而是来自于提供实时提示——这种指导方法被称为"脚手架式教学"（scaffolding）。大卫向参与者提出两个问题之一："为公立学校提供更多资金是否会显著提高教学和学习质量？"或"实施核冻结是否能显著降低发生世界大战的可能性？"，参与者被要求写下他们所能想到的所有观点。随后，大卫提供了脚手架式的引导，例如"你目前只给出了单方面的论点。你能考虑一下反方的观点吗？""试着再给出三个支持'是'的理由""重新阅读问题。仔细检查你的每个论点，确保它们和问题都是相关的"。

脚手架式引导的效果并不那么直观。学生们原本就被鼓励提出尽可能多的论点，尽管提示并未提供关于公立教育或核冻结的新的信息。然而，支持个人立场的论点数量翻了一倍，而支持对立观点的论点数量则增加了七倍。在脚手架式的引导之前，只有 16% 的学生支持对立立场；而在引导之后，这一比例上升到了 45%。这表明参与者完全有能力提出更均衡的观点，他们需要的只是适当的引导和提示。

这些发现鼓舞人心。它们表明，论点的质量并不局限于你对某个主题的了解，而是取决于你运用这些知识的能力。学校教授的是诸如化学和历史等单个学科，但推理是一种通用技能，它会帮助学生充分利用这些特定学科的专业知识。尽管脚手架式的引导是实时提供的，但它们完全是通用的——所以可以教学生自己搭建脚手架。

我们和他们并不对立

"97% 的科学家……已经最终同意。他们承认地球正在变暖，人类活动正在对其产生影响。"

巴拉克·奥巴马（Barack Obama）在视频"参议员泰德·克鲁兹（Ted Cruz）否认气候变化"的开头这样宣称。如果这还不够令人信服，那么在视频播放到 18 秒时，整个屏幕都会显示"97% 的科学家同意"这行字。参议员克鲁兹被贴上"气候变化否认者"和"激进且危险"的标签。这个视频再清楚不过地表达了自己的观点。

实际上，表达观点还可以更有力。这不仅适用于这段视频，也适用于以其他形式传达的类似信息。在 2004 年至 2012 年间，至少有六项颇具影响力的研究强调了关于全球变暖的科学共识；[6] 2006 年荣获奥斯卡最佳纪录片的《难以忽视的真相》同样展示了类似的景象。然而，公众对气候变化的认知并没有提高。2003 年盖洛普民调显示，61% 的人认为气候变化是人为因素造成的，而非自然现象；到 2013 年，这一比例降至 57%。当然，这些数据并不具有决定性，因为我们无从了解反事实情况——若是没有那些研究和那部影片，情况会有何不同——但显然，我们所期望的顿悟并没有出现。

丹·卡汉对此的解释是**文化认知假说**。这一假说认为，人们对信息的回应并非基于信息背后的证据，而是基于其体现的文化身份。这段讥讽克鲁兹的视频的问题在于，它不仅将气候变化框定为一个科学问题，还将其转化为一个政治问题。视频暗示自由派人士相信气候变化，而保守派不相信。一位共和党的观众可能会认为，如果他想自称是一个合格的共和党人，他需要对气候变化持怀疑态度，而不去考虑科学事实。同样，纪录片《难以忽视的真相》虽然展示了大量证据，但由于它与阿尔·戈尔（Al Gore）紧密相关，因此也将气候变化话题政治化了。气候变化问题不再是"你相信什么"的问题，更多地成了"你属于哪个群体"的问题。

文化认知假说意味着我们不能孤立地考量事实、数据和证据。数据从来都不仅仅是数据；我们评估数据的标准不仅仅是数据的质量，还有数据是否支持"我们"或"他们"。同样，我们支持或反对某个结论，不是基于结论背后的证据，而是基于这些结论是否是"像他们这样的人"或"像我们这样的人"的身份会说的那种话。因此，要打造更明智、能更聪明思考的社会，公共信息就必须将证据与身份认同区分开来。

第一步就是要抵制住嘲笑对手的诱惑，比如嘲笑共和党人无视 97% 的科学共识。虽然这样做可能会带来短暂的快感，但却会让另一方更难专注于证据本身。

2022 年 7 月，《福布斯》杂志发表了一篇题为《给彭斯先生和他的朋友们的油气行业（可持续）投资教程》的文章。如果这篇文章的初衷真的是为了教育可持续发展的怀疑者，那么它在第一步就失败了。这篇文章不仅傲慢地暗示读者需要教程指导，还把问题政治化，暗示真正的共和党人理应抵制可持续发展。文章的实际目的可能并非向怀疑论者提供资讯，而是为了赢得那些支持可持续发展的人的赞同。如果是这样的话，把对方描绘成"他们"，而把自己描绘成"我们"，无疑是最完美的策略。事实上，文章收到了几百个赞和很多正面的评论，这些评论的核心无非是"没错，你就应该告诉他们！给他们点颜色看看！"，然而，对于那些不是作者的拥趸的人而言，他的文章并未产生任何说服力。

第二个建议更加积极，就是确保重要信息由持有不同政治立场（或根本没有立场）的人传达，例如由一个保守派人士强调全球变暖的严重性，或者由一位医生详细解读美国的《可负担医疗选择法案》的实际内容。2021 年 6 月，共和党众议员约翰·柯蒂斯（John Curtis）发起了一个保守派气候小组，旨在推动他的政党认真对待气候变化问题。这一举措得到了众议院近三分之一共和党人的支持。

耶鲁法学院文化认知项目的一项研究调查了针对人乳头瘤病毒（HPV）的强制疫苗接种问题。[7]不出所料，研究发现，比起左翼学生，右翼学生更可能反对疫苗接种。⊖第二个实验特别有趣，在这个实验中，参与者在阐述自己的立场之前，先行阅读了来自双方专家的观点。这些专家可能会根据虚构的个人资料（包括照片和所著书籍列表）被识别为左翼或右翼。⊜

当个人资料被判断为左翼的专家支持疫苗接种，而右翼专家反对时，右翼和左翼参与者的意见分歧愈加扩大。相反，如果右翼专家捍卫疫苗接种，而左翼专家反对，那么双方的分歧则有所缓解。

第三种方法是转移焦点，从问题本身转向寻求解决方案。如果人们认同治疗方案，他们就更愿意承认疾病的严重性。卡

⊖ 研究人员将持有"等级制"和"个人主义"世界观的人与持有"平等主义"和"社群主义"信念的人进行了比较。简便起见，我将前者统称为右翼，后者称为左翼。

⊜ 例如，一位专家撰写了《三大社会弊端：性别歧视、种族主义和恐同现象》这本书，而另一位专家则撰写了《移民入侵：威胁美国生活方式》一书。前一位专家可能会被视为左翼，而后一位专家则可能被视为右翼。

汉及其合作者的另一项研究发现，如果应对气候变化的解决方案是地球工程——例如发射太阳反射器，向平流层注入气溶胶颗粒，以及捕捉碳并将其储存在深层地质结构中——而不是通过监管措施，右翼参与者就会更愿意承认气候变化是一个严峻的威胁。这个解决方案将气候变化与人类智慧和工业创新的文化意义相联系，这迎合了自由市场倡导者的理念，并帮助他们将气候行动视为机遇，而不仅仅是威胁。[8]

核实事实……数据和证据

"《纽约时报》畅销书、《华尔街日报》畅销书、《今日美国》畅销书……《福布斯》2015 年 15 大商业书籍、《商业内幕》2015 年 20 大商业书籍……'世界经济论坛'推荐的假期阅读领导力书籍首选。"这仅是埃米·卡迪的著作《存在》（Presence）在亚马逊网站上展示的 18 项荣誉中的六项。此外，还有来自众多知名报纸和具有影响力的作者的极力推荐。面对如潮水般的好评，谁会不想买这本书呢？

《存在》这本书是基于我们在第九章探讨的那项存在问题的研究之上的。卡迪原论文的第一作者达娜·卡尼（Dana Carney）公开声明："我并不认为'权力姿态效应'是真实存在的……反对权力姿态存在的证据是确凿的。"卡迪于 2017 年从哈佛大学离职，TED 也在她的演讲旁附上了一则提醒："注意：本演讲中呈现的部分研究成果在社会科学家之间关于其稳健性

与可复制性的讨论中存在争议。"⊖

　　然而,《存在》这本书依旧畅销,在我撰写本文时,它被亚马逊评为"编辑推荐"最佳非虚构作品——这距离挑战卡迪研究成果的第一篇论文发表已过去了八年之久。[9]实际上,在《存在》上架前九个月,对该理论的驳斥就已经开始蔓延。

　　为什么在研究已经受到质疑的情况下,还有那么多人购买卡迪的书? 一个可能的原因是,他们对这些争议一无所知。问题在于,没有简单的方法可以辨别哪些书籍是建立在坚实可靠的研究之上,哪些书籍是不可信的。如果一篇期刊文章后来被推翻,原先发表该文的期刊——在卡迪的例子中,是《心理科学》——通常愿意刊登批判性的评论。若论文被撤回,相关的通知也会出现在期刊的网站上;撤稿观察网站则负责收集这些撤稿信息,形成一个集中的数据库。但问题是,一般的亚马逊顾客很可能不会访问《心理科学》或撤稿观察网站,甚至可能根本没听说过这些资源。

　　有些个人网页会对书籍内容进行事实核查。研究员阿列克谢·古泽(Alexey Guzey)的网站上有一篇文章:"马修·沃克(Matthew Walker)的《我们为什么要睡觉? 》充满科学和事实错误",其中指出了如裁切过的条形图等种种问题,但许多读者并不知道这个网页的存在,因为它并未与其他任何资源建立链接。因此,即便你听说了《存在》一书存在的问题,并在打

　　⊖ TED 还将标题从"肢体语言塑造你自己"更改为"你的身体语言或许能塑造你自己"。

算购买《我们为什么要睡觉？》之前希望进行审查，你也不知道到哪里去寻找相关信息。

一个解决方案是建立一个专门的、集中式的书籍事实核查网站，类似于针对研究报告的撤稿观察网站。我们迫切地需要这样一个网站，因为大多数人阅读的是书籍，而不是学术论文——正如我们所见，书籍误导我们的手段五花八门。它们或是基于作者自身欠缺的研究（《存在》），或是曲解了他人的研究成果（《异类》《我们为什么要睡觉？》），也可能是基于作者自己开展的不够严谨的研究（《基业长青》《公平之怒》），有些甚至完全忽视研究，仅凭轶事进行过度推断（《超级激励者》），或者未经深思熟虑就轻率发表观点（《搞定》）。

事实核查网站在其他领域早已设立。例如，Quote Investigator 网站致力于确认引文是否确实出自所声称的出处，并深入探究其背景情境。英国的 Full Fact、美国的 PolitiFact 和意大利的 Pagella Politica 等网站负责核查政治人物、记者和公共机构所做出的声明。多家媒体均设有事实核查部门，比如英国广播公司（BBC）设有真相核查部门，路透社设有事实核查部门，法国的法新社（Agence France-Presse）设有事实核查部门，《世界报》（Le Monde）设有"解码者"（Les Décodeurs）栏目。有些这类网站作为慈善机构运营，有些需要付费订阅，还有些由企业资助，因此为书籍事实核查网站提供资金支持有多种选择。

这些网站确实发挥了作用——它们不仅提升了我们辨识可疑言论的能力，而且在一定程度上遏制了这些言论的最初端倪。政治科学家布伦丹·尼汉（Brendan Nyhan）和杰森·雷夫勒（Jason Reifler）随机向州立法者发送信件，提醒他们PolitiFact正在其所在州进行监控，一旦被发现撒谎，他们的声誉将会受损。与收到安慰剂效果的信件或其他根本没有收到信件的立法者相比，收到提醒信件的立法者发表误导性言论的概率明显降低。[10]

事实核查网站虽然极具价值，但读者仍然需要主动访问它们。最近的一些创新则就像是将马牵到水边。2020年5月，当唐纳德·特朗普在推特上发文称"**邮寄选票绝对不可能不充斥着大量欺诈**"时，推特便在该推文下方嵌入了一个事实核查的链接。它并没有直接说明推文是错误的，而是简单地提供了一个"获取关于邮寄选票的事实"的选项，该链接导向一个CNN网站，该网站驳斥了特朗普的声明。

埃默里克·亨利（Emeric Henry）、叶卡捷琳娜·朱拉夫斯卡亚（Ekaterina Zhuravskaya）和谢尔盖·古里耶夫（Sergei Guriev）发现，这些警告成功地降低了分享虚假新闻的概率。[11] 2019年5月，他们向2537名法国脸书用户展示了两则关于欧盟的误导性声明，这些声明来自玛丽娜·勒庞（Marine Le Pen）所代表的法国极右翼政党"国民联盟"（Rassemblement National）。⊖实验向三分之一的被试展示了事实核查信息，另外三分之一的被试可以选择访问这些信息，而对照组则无法接触

⊖ 第一则声明是，87%的法国法律来源于欧洲指令；第二则声明则是，到2050年，欧盟计划吸纳5000万移民。

到任何事实核查内容。之后，所有参与者都被邀请在其脸书页面上分享这些原始声明。结果显示，无论参与者是被展示还是自愿查看的事实核查信息，分享声明的概率较对照组都降低了45%。

这些发现非常鼓舞人心。确实，有些人由于确认偏误过于强烈，即使面对事实也难以改变其立场，正如洛德、罗斯和莱珀的研究结果所显示的。然而，那项研究关注的是对死刑预先就持有坚定看法的学生群体。相比之下，埃默里克、叶卡捷琳娜和谢尔盖的研究则着眼于普通民众——其中固然有国民联盟的坚定拥护者，但仍有大量民众思想开放，这使得事实核查能够产生显著的影响。

你可能会认为，相较于鼓励用户自行"获取事实"，直接将信息标记为虚假或许更为有效。脸书便采取了这种做法，对某些帖子标以"第三方事实核查者发现争议"。然而，戈登·彭尼库克共同参与的一项实验发现了一个问题。[12] 实验中，他们向被试展示了24个新闻标题，其中一半是真实的。在实验组中，12个假标题中有6个附有警告标签。正如我们预期的那样，与对照组（他们看到的24个新闻标题都没有任何标签）相比，实验组对这6个标题的准确性感知明显降低。

令人吃惊的是实验组对另外6个未加标签的假新闻标题的评价。他们对这些标题的准确性感知比没有看到任何警告的对照组更高。由于知道脸书已经把一些故事标记为虚假，这使实验组变得懈怠，将未加标签的标题视为真实——这就是所谓的"暗示真实性效应"。由于虚假新闻的产生速度远快于事实核查者标记的速度，因此，即使你捕获了虚假信息并进行揭露，可能也无法弥补那些未被指出的虚假信息所造成的损失。

幸运的是，研究人员找到了解决方案。在另一个实验中，他们将一些故事标记为虚假，同时将另一些故事标记为真实，这样做消除了"暗示真实性效应"。当只有负面标记时，没有标记的新闻被视为真实的——但如果审查者同时也给予正面评价，那么没有标记的新闻就只是没有标记而已。

最佳实践指南

我们之前讨论过，为什么监管错误信息相当困难。因此，对于任何涉及进行研究或传播研究结果的职业来说，确立最佳实践都是至关重要的。[一]相关的职业已经有了一些指导原则，但它们并没有触及问题的核心。从传播者开始，英国记者工会的行为准则强调了核实事实的重要性，但我们已经了解到，这还不足以解决问题——即使事实准确无误，人们也可以基于这些事实做出误导性的声明。一个简单但有效的办法是，记者在引用研究时，要确保能够直接链接到该研究，否则就不应该引用。这确保了研究确实存在，并且是公开可获取的，这样读者

〔一〕 你可能会问，如果监管不能发挥作用，那么最佳实践又如何发挥作用呢？在监管方面，起诉错误信息的举证责任非常大。而最佳实践的举证责任要小得多；持续违反最佳实践的人即使不能被起诉，也会受到谴责。

就不必仅凭研究人员或记者的描述就盲目接受其结论。

对于创作者，例如美国金融学会这样的学术机构制定了行为准则。然而，这些准则通常侧重于研究诚信以及与其他学者的互动，而非与外界的关系。作为英国金融管理协会（FMA）道德委员会主席，我添加了一些新的准则，例如研究人员如果不能免费提供论文的完整版，就不应该向媒体投稿。

最重要的行为准则可能围绕的是书籍出版过程，因为书籍是人们了解研究的主要渠道。在极少数情况下，书籍会因为欺诈性太强而被撤回，例如《全食厨房》（*The Whole Pantry*）。但在大多数情况下，它们并未被撤销。尽管卡迪的研究被揭露为不实，但《存在》并非全书都基于她的研究。有理智的人可能会认为，这本书有足够的价值来证明其继续销售的合理性。如果是这样的话，出版商或零售商应该在书中加入提醒，就像TED在卡迪的演讲中加入的提醒一样。

背书是出版流程中的一个重要环节，但却缺乏应有的审查。⊖在图书封面及各大零售商的网站上，推荐者的名字往往被置于显眼位置，甚至高于普通读者的评论，它们对消费者购买

⊖ 纳西姆·塔勒布（Nassim Taleb）的著作《随机漫步的傻瓜》（*Fooled by Randomness*）对背书所传递的有限信息进行了深入剖析。塔勒布指出了选择偏差的问题：出版商通常会向众多潜在推荐者发出邀请，但最终只会挑选出那些最为积极的评价。在此，我们提出了一个不同的观点——即便出版商收录了所有的背书意见，这些意见往往也会过于乐观，因为缺乏有效的机制来防止评价过度夸张。

决策的影响力甚至超过了书本的实际内容。这些推荐者可以毫无顾忌地赞美一本书，却无须为其言论负责。数十位知名人士即使为《存在》背书，他们的声誉也丝毫无损。为书籍背书有很多好处——作为回报，书的作者可能会对你的作品也给予好评；你的名字会出现在封面上（尤其是以"畅销书作者"头衔出现），这会给你带来知名度。有些人甚至为成百上千的作品背书，而实际上他可能压根就没有翻开过这些书。因此，最恰当的做法是，只有当你真正阅读过一本书后，才为其背书。对于经常担任推荐者的人来说，不妨在自己的网站上公开列出你所推荐的书籍清单，以便读者评判你背书的鉴赏力和可信度。

这一问题普遍存在于各类背书行为中，而不仅限于书籍领域。无论是发布最新研究成果、提出新法案，还是推出创新的管理策略，相关机构总能找到专家为其背书。即便这些专家对相关议题了解不深，也未曾进行彻底的审查，他们依然可以通过背书行为获得公众关注。而且，即便所背书的内容最终被证实为无稽之谈，他们也极少为此承担责任。在产品背书方面，专业知识的匮乏和激励机制的扭曲尤为明显。Instagram 上的网络名人对于他们所推广产品的科学原理知之甚少，但他们所获得的回报远超简单的宣传：他们将因此获得赤裸裸的现金报酬，而且往往相当可观。

这一切实际上是在告诉我们，我们应该对大多数背书持保留态度。这并不意味着所有推荐语都不是发自肺腑，但我们必须认识到，如果背书者的专业知识有限，他们的动机又很强烈，且他们在赞美时显得过于随意，我们就应该对其真实性更加谨慎。

文明对话

在过去的半个小时，我一直头晕目眩，而且我几乎没怎么说话。在那起损害赔偿诉讼中，我作为专家证人，负责评估违约所导致的损失。对方通知了雇佣我的律师事务所，他们希望讨论我的评估结果。这个要求听起来合情合理，于是我便出席了。

我们礼貌握手后落座，对方合伙人詹姆斯便开始了一番激烈的指责。他的矛头几乎全部针对理查德，即我所在的律师事务所的负责人，而我则不幸成了间接的受害者。詹姆斯在理查德面前贬低我的分析成果是垃圾，似乎完全无视我的存在；他还指责理查德在多个问题上误导了他。尽管理查德的回应语气较为温和，但同样坚定。他们就这样你来我往地争论了30分钟，如同争夺领地的野兽般激烈，而我则坐在一旁，震惊地保持着沉默。

在对方发泄完所有的怒火之后，我终于有机会开口说话。我冷静地表达了自己的观点："我清楚这次会面的目的是了解我是如何得出我的估值结论的。这同样是我的目标。我也注意到了你对许多事情感到不满。"接着，我逐一列出詹姆斯提出的每一点批评，最后我补充道："我非常愿意详细阐述上述所有问题的推理过程。但在此之前，我想确认是否已经涵盖了你所有的担忧，确保没有遗漏。"

　　詹姆斯的神情明显缓和了。这是会议中第一次他看起来不再充满敌意。他向后倚靠在椅子上，开始显露出一种放松的姿态。"是的，你说得对，我对这些事情确实有很多不满。"然后我详细解释了第一个问题，并询问詹姆斯是否满意。他坦白地说："我对金融并不在行，所以无法对这一点做出专业判断。不过，从你刚才的解释来看，这似乎是合情合理的。"随后，我继续解答了剩下的两个担忧，最终我们达到了会议的目标。尽管查德和我永远不可能让詹姆斯完全接受我们的观点——毕竟，理性的人可能会有不同的前提假设——但至少他不再觉得我们是在盲目地发动攻击了。不久后，这个案件便得到了妥善解决，无须再安排任何额外的会面。

　　如同大多数人一样，面对纠纷时，我的本能反应往往也是进行攻击。我可能会指责对方犯错，或者无意间以防御性的态度回应问题。然而，这次却是个例外，我成功地保持了冷静。在处理任何纠纷时，最佳的策略可以分为三个步骤：首先，深吸一口气，抑制住你的本能反应；其次，强调你与对方的共同之处；最后，将你的论点定位为追求共同目标的达成。我们的目标应当是达成共识，而非证明对方有错。

　　这让我想起了《伊索寓言》中风和太阳争论谁更强大的故事。它们决定通过让一位旅行者脱下外套的方式来一决高下。风猛烈地吹，几乎将外套直接吹掉了，但结果却是旅行者将外套裹得更紧。风越是用力吹，旅行者裹得越紧，因此风失败了。接下来，烈日当空。旅行者开始摘下帽子，擦拭汗水，最终因炎热难耐而主动脱下了外套。这则故事的寓意是：温柔和善意的劝说能办成的事情，暴力和威胁却办不到。

本章中提到的大部分补救措施只能由那些掌握权力的人来实施。例如，只有教育部或者私立学校的校长才有能力在课程中引入批判性思维的元素；只有公司或慈善企业家才有能力资助一个专门用于书籍事实核查的网站。但也有一些解决方案是在我们个人能力范围之内的。社会并非一个外生的存在——不是某种我们必须被动接受的随机事物——它是内生的。作为社会的一员，我们每一个人都在塑造社会的过程中扮演着重要角色。

对我们每个人而言，与我们息息相关的社会都是由有日常互动且偶尔出现分歧的人所构成的——这些人可能是职场同事、邻里街坊，或者是网友。有些分歧会激起我们的愤怒，有时甚至让我们与多年好友断绝联系，或在领英上诽谤他人，破坏潜在的商务往来。避免这类无谓争论的一个简单方法就是认识到这些争执实质上不是必要的——意识到双方往往有着共同的目标，分歧仅在于达成目标的方法。英国脱欧派和留欧派都希望本国能拥有一个最好的未来，美国的共和党和民主党亦是如此。即使你不赞同对方的提议，其中或许还是有可取之处。通过倾听，你可能会获得新的见解——正如柯维所言，我们应该为了理解而倾听，而不仅仅是为了做出回应。

尊重不同意见的理念与第二部分的观点是如何互相契合的？第二部分提出了一种正确的做事方式。如果作者引用事实，必须确保事实的准确性；如果他们展示数据，就应该有代表性的样本和对照组；如果声称有证据，就需要控制普遍变量，并最好采用工具变量法或自然实验法。

但这种"正确的方式"在实践中往往难以实施——找到有效的工具变量和实施自然实验很难，即使有证据在手，那也不一定是证明。因此，我们在多数话题上都不宜过于固执己见。关于碳氧原子哪个质量更高的问题只有一个正确答案，因为这一点可以通过科学验证。然而，对于多样性、可持续性或被收养的 CEO 是否能够提升公司业绩的问题，我们无法给出确凿无疑的证明。单一的研究通常不是定论：两个人可能对同一组证据得出不同的结论，就像两个公正的陪审员在审判中听到相同的证词却得出不同的裁决一样。因此，不同的观点未必就是错误的，它们就像从不同的视角欣赏同样的风景。

尽管本书的重点在于如何逐步从陈述、事实、数据走向证据，但我的核心观点是，证据并非终极的真理。如果我们宣称自己的行动或观点完全是基于证据，那么最好确保这些证据是确凿无疑的。然而，我们持有的许多观点、理论和做出的许多决定都不可避免地带有一定的主观色彩——只要我们对此保持诚实，无论是面对自己还是他人，这种主观性都是可以接受的。只要我们不坚称这些基于个人经验和直觉的立场不容置疑，那么就是合理的。你可能对养育孩子或习惯养成有自己的理论，只要你能承认这只是一个推测而非定论，那么这并没有什么问题。

即使证据**是**决定性的，我们仍停留于证据这一层面，证据仍然有其局限性。第六章强调了回归分析如何让我们包含尽可能多的输入变量，以便控制数十甚至数百个普遍变量——但它永远只能呈现单一的输出。即使世界上最严格的回归分析，也只能指导我们如何最好地追求一个特定的目标，但生活中的大多数决策都涉及多个目标。

如果公司的唯一宗旨是追求利润最大化，那么我们关注多样性的唯一动因就是它是否能够提升利润。在这种情况下，多样性支持者会将所有精力投入到证明多样性能够提高业绩，并将任何对此表示怀疑的人视为对头，甚至可能指控他们持有性别歧视或种族主义观点。然而，如果企业的目标不仅仅是盈利，还包括创造一个更公平、更平等的社会，那么多样性与利润之间的联系就不那么关键了。我们可以从社会责任的角度来合理化多样性政策。证据永远无法告诉我们应该做什么，它只能帮助我们认识到采取行动可能带来的正面和负面影响。如果多样性与利润之间存在负面关系，那么我们在实施多样性政策时，就应保持清醒的头脑，意识到其成本，而不是自欺欺人地认为这是一条通往财富的捷径。

同样，我们做出的许多选择都是基于多种考量的。你选择踢足球而不是橄榄球，不仅仅是因为研究显示足球能更好地提升体能，也可能是因为足球场离家更近，或者你的朋友们在同一个球队踢球——又或者你只是喜欢足球。你让孩子上钢琴课而不是戏剧课，不仅仅是因为它能更好地培养认知技能，同样，你也不会仅仅基于经济影响就决定投票脱欧或留欧。一些最激烈的争议——无论是父母在如何养育孩子的问题上的争吵，管理人员在讨论新战略时的辩论，还是公民在投票选择上的分歧——往往源于我们有着略微不同的目标。但由于我们从未明确地表达过我们的目标，我们就假设其他人的目标与我们完全相同，所以如果我们是对的，那么对方必须是错的。事实上，我们的出发点不同，两种立场都有其合理之处。

即使我们只追求一个目标，证据也无法决定我们应该采取的唯一行动方案。证据所能提供的只是平均化的结果；即使在相同的情境和条件下，它也可能不适用于每一个独特的个体。关键不在于一个决策在总体上是否正确，而在于它是否符合我们的个人情况。即便刻意练习在提高敲鼓水平方面比即兴演奏更有效，即便我们的唯一目标是追求节奏的完美而非仅仅是享受过程，我们可能仍然不喜欢单独排练，因此它可能不会给我们带来与他人相同的成效。即便低碳饮食是减肥的理想选择，但如果我们就是割舍不下水果，我们也可能无法坚持这种饮食。

认识到证据的局限性和价值，有助于我们更自由地生活。一位首席执行官可以基于伦理原则，而非仅从财务角度来制定公司政策；一个想要减肥的人可以安心享用一根香蕉，而无须内疚；奥运会可以展示从标枪到体操等多样化的运动项目，纳税人不会抱怨相关部门把他们的钱都花在了单一的运动项目上；如果我的妻子太过疲劳而无法坚持母乳喂养，我可以用奶瓶喂养我们的儿子，而不必担心这会影响他的智商；我们可以与持有不同观点的人展开对话，而不会感到威胁；我们期待着学习的机会，而不是害怕失败；我们可以深入探讨那些往往被划定为非黑即白的问题，并在看似单调的表象之下发掘出斑斓的色彩：它们其实错综复杂，而又细腻丰盈。

小结

- 创建更聪明思考的社会涉及批判性思维教学。这包括以下方面：

  ◎ 认知技巧，例如"考虑相反情况"：如果一项研究得出相反的结果，你为什么会对它持怀疑态度？（以应对带有偏见的解读）你会提出哪些问题来推翻你的理论？（以应对搜索过程中的偏见）

  ◎ 统计素养，例如存在其他可能的解释。这可以通过逻辑问题来培养，例如"2-4-6"任务和EK23卡牌游戏。

  ◎ 好奇心，鼓励孩子们挑战和探索，借助科学、艺术和人文学科的电影、电视节目和公共讲座。

  ◎ 脚手架式的指导：简单的提示，例如"确保你提出了正反两方的论点"和"核实所有论点是否相关"。

- **文化认知假说**认为，人们根据信息所体现的身份，而不是其背后的证据来对信息做出反应。公共信息的传播应该与政治脱钩。例如，气候变化的信息可以：
  ◎ 由中立方，例如科学家提供，或者由保守派提供。
  ◎ 避免嘲笑保守派为气候变化否认者。
  ◎ 强调解决问题需要坚守一些保守的价值观，例如创新。

- 书籍很少经过专家甚至推荐者的审查。可能的补救措施包括：
  ◎ 建立专门针对书籍的集中式事实核查网站，就像建立 Quote Investigator 网站一样。
  ◎ 经常为书籍背书的推荐者应公开列出他们所推荐的所有书籍。
  ◎ 出版商和零售商对有争议的书籍给出提醒标示。

- 记者在引用一项研究时应避免无法链接到原始来源；研究人员在向媒体投稿论文之前，应确保论文免费可用。

- 在社交媒体上，事实核查链接可以减少假新闻的传播，但仅将一些帖子标记为有争议就意味着那些未被标记的帖子是真实的。

- 公民并非社会中的被动成员：我们是社会的塑造者。将异议视为学习的机会，而非争论的入口，这有助于建立一个多元共融的社会。

● 证据并非教条的借口。即便两个人对数据有着相同的
解释，他们也可能会因为不同的目标而做出不同的决
策。证据所提供的仅是平均结果，并不适用于所有情
境。理解证据的局限性及其价值，有助于我们更自由
地生活。

附录　更聪明思考的清单

　　本附录提供了一份简单的清单，读者可以据此来正确评估陈述、事实、数据和证据。

A. 准备工作

　　1. 你是否希望结论是正确的？

　　2. 结论是否极端？这是否表明了某件事在任何情况下总是好的，或总是坏的，抑或某个结论适用于所有情况？

　　你可能会希望"通过调整饮食可以战胜癌症"这一结论成立；而"碳水化合物始终有害"则是一个极端的说法。如果你对这两个问题中的任何一个都给出了肯定的答案，那么你可能正受到确认偏误和/或非黑即白的思维模式的影响。你可能会不加批判地接受这些结论，而且作者可能有意歪曲结论以迎合你的偏见。在这种情况下，执行以下审核步骤就显得尤为关键。

B. 陈述

1.这个陈述是否包含了最高级描述，或是暗示了普遍性？

前者的例子是"股东价值是世界上最愚蠢的概念"；后者的例子是"每家公司都将成为金融科技公司"。

2.如果是，你能提出一个明确的反例吗？

如果你能列举出一个比股东价值更糟糕的想法，或是可能不会转型为金融科技公司的实例，那么这个陈述就是错误的，因此你应当降低对此陈述的信任度。作者也许并不是真的认为每一家公司都会成为金融科技公司，但是这种极端说法可能被用来掩盖其缺乏实际证据的事实。

3.陈述是否有证据支持，证据是否存在，并且是否公开可用？

很多陈述往往宣称"有明确的证据表明……"，却未提供具体的来源。有时，文章可能会提到证据，并给出了作者的姓名，然而这些文章实际上仅仅是基于新闻稿撰写的，没有实质性研究的支撑。或是只能找到文章的摘要版本，它虽然描述了研究结果，却省略了研究方法的具体细节，例如是如何衡量输入变量和输出变量的。如果完整的论文未对外公开，那么我们对其内容的信任度应当大幅降低，因为我们无法对所提出的主张进行核查。

4.证据是否支持陈述？

有时，尽管能够获取完整的论文，但作者却宣称了一些研究并没有直接得出的结论。例如，有研究声称 CEO 的高薪酬会抑制创新，该研究收集了 CEO 合同的相关数据，并推测高薪可能会阻碍创新，然而实际上并未对这种关系进行实证测试。此外，所提供的证据可能与论文中的主张相矛盾，比如有论文宣称多样性与企业绩效之间存在联系，但实际上在 90 项测试中都没有发现这种联系的证据。

5. 输入和输出是否与陈述相对应？

输入和输出是如何测量的？比如社交距离的衡量或着眼于长远的思维，如果没有明确的测量方法的话，就很令人担忧。当一项衡量标准是个人的自我报告，比如感知绩效，或是研究者的主观判断，比如《基业长青》一书的作者对某公司是否遵循九大原则的评估，我们应当格外警惕。

C. 事实

1. 研究是否对某一假设进行了验证？

该研究是否首先提出了一个假设，例如"从'为什么'出发能够促进成功"，并在得出最终结论之前对这个假设进行了验证？还是说，研究从结论出发，仅仅选择那些支持这一结论的案例？

2. 这项研究是否采用了代表性样本？

研究是否考虑到了那些具有相似特征但结局不同的个体或企业，例如那些虽然从"为什么"出发，但最终未能取得成功的公司？

3. 研究是否考虑了对照组？

研究是否包括了那些不具备该特征但结果相同的个体或公司，例如那些没有从"为什么"出发却成功了的公司？

4. 研究是否计算了两组的平均输出？

研究是否同时计算了实验组与对照组的平均输出？例如，是否公开透明地展示了那些没有从"为什么"出发的公司的成功情况？

5. 研究是否进行了统计显著性检验？

研究是否检验了两组之间的差异足够显著，以至于不太可能是出于偶然？

D. 数据

1. 研究人员是否还有其他方法来测量输入和输出？

当以公司绩效作为输出变量，且其衡量标准为利润率时，我们应思考是否存在更好的评估指标，例如股东回报率。同理，若以多样性作为输入变量，且其衡量标准为女性董事的人数，那么是否还有其他合理的多样性衡量标准可供选择？若确实存在其他选项，研究者可能仅仅是依据数据选取了特定的评估方法。

2．数据是否被裁切了？

研究是否将数据划分为非黑即白两种类别，从而忽视了数据的全貌？例如，它是否仅对比了拥有至少三名女性董事的公司与完全没有女性董事的公司，而忽略了董事性别比例的具体数值？若果真如此，作者们可能已经抛弃了一些重要数据，那些数据和结果可能并不支持其结论。

3. 输出是否可能导致了输入（反向因果关系）？

如果投资与公司未来的绩效存在关联，可能是因为公司在前景较好时更愿意投资，而不是投资本身产生了优异的绩效。

4. 是否存在任何普遍变量可能同时影响输入和输出？作者是否在同一回归分析中对这些因素进行了控制？

如果一项研究声称"采取某种行为的人 / 公司表现更好"，是否考虑到采取某种行为的人 / 公司在其他许多方面也会有所不同？例如，进行母乳喂养的妈妈得到了更多的家庭支持，重视员工情感的 CEO 可能在其他方面也同样出色。

5. 假设研究得出了相反的结论。你会提出哪些其他的解释来试图为之辩解？接着，问自己，即便研究结果恰巧符合你的预期，这些其他的解释是否依然有效。

如果一项研究发现实施死刑的州的犯罪率低于不实施死刑的州，死刑支持者可能会欣然接受这一结果。然而，如果研究显示实施死刑的州犯罪率反而更高，他们可能会争辩这是由于其他变量所致，比如更严重的贫困问题。现在，既然他们已经意识到可能存在**其他的解释**，他们应当检验这些解释是否依然成立，即便研究的结论正是他们所期望的——比如说，较低的犯罪率可能是因为较好的经济状况。

E. 证据

1．研究环境是什么？这与你想要得出结论的环境相同吗？若不一致，是否存在某些原因，可能导致这种关系在不同的环境中表现出差异？

科学管理在生铁搬运、金属切削和轴承检测等领域取得了成功。但这些环境都有一个共同点，即存在最佳操作方法和可以量化的单一产出。这种方法可能不适用于教育领域，因为在教育中并不存在所谓的"最佳方法"，我们关注的是多样化的产出，其中许多是无法量化的。

2．研究的是哪个群体？这是否与你想要得出结论的兴趣群体相同？如果不同，有没有任何原因可以解释为什么这种关系在其他群体中可能会有所不同？

研究是否只关注了非常成功的人或公司？如果是这样，即使研究控制了普遍变量，由于这些个体或企业已经处于极高的水平，控制因素可能并不显著，并且存在收益递减的情况——对于体能要求极高的野兽训练营新兵来说，体能或许不是训练表现的关键因素，但对于普通人而言，它可能成为改变结果的关键。请思考在更为常规的水平上，这些控制因素是否依然相关。另外，输入变量可能仅在控制因素达到较高水平时才显现其效果；比如，坚毅可能只在个体极其健壮的情况下才会发挥其作用。

F．快捷方法

若你缺乏深入研究细节所需的时间或专业知识，无法针对上述 B 至 E 点提出的问题进行解答，你可以采取一种较为简化但更为迅速的策略，转而考虑以下问题。

研究相关

1. 论文是否发表在顶级同行评审期刊上？

2. 作者具备哪些资历？他们是否拥有博士学位，并在相关领域发表了经专业同行评审的论文？他们是否隶属于知名的研究机构？倘若同一研究由相同资质的同一批作者完成，但结论截然相反，你还会相信吗？

3. 作者宣称其研究结果的动机是什么？如果研究得出了相反的结论，他们还会发表论文吗？

4. 作者是否夸大了他们的资历、研究方法的严谨性，或研究结论？

书籍、文章

1. 书籍或文章是否有证据来支持其主张？

2. 你能在网上找到有见地的批评吗？

3. 是否均衡？是否考虑了与核心论点相矛盾的证据或论证？

4. 作者是否夸大了他们的资历、研究方法的严谨性，或研究结论？

G. 举个例子

让我们通过一个例子来演练上述框架:《哈佛商业评论》上罗杰·马丁(Roger Martin)所著的文章 "如果持股时间更长的投资者拥有更多的投票权会怎样?"。简洁起见,我们只看开篇段落,内容如下:

乔·鲍尔(Joe Bower)和林恩·佩恩(Lynn Paine)在他们于《哈佛商业评论》发布的文章 "企业领导力的核心错误"中,一开篇便成功吸引了我的注意(引用《甜心先生》的经典台词)。他们通过数据展示了秉持长期发展观的公司不仅能够创造更多的财务价值,还能带来更多的就业机会。据他们估算,如果更多的美国公司能够着眼于长远发展,投资者将额外获得高达 1 万亿美元的财富,劳动力市场将新增 500 万个工作岗位,同时国家的 GDP 也将额外增长超过 1 万亿美元。

从 A 部分的问题开始,大多数读者可能会希望这个结论是真的——他们认为公司考虑长远是件好事。确实,马丁本人似乎也受到了确认偏误的影响,因为他承认这项研究 "一开始就吸引了我"。文章还提出了大胆的声明——倘若全球都广泛采纳鲍尔和佩恩在文中提出的建议,我们将见证奇迹般的经济增长,届时将新增 1 万亿美元的财富和 500 万个工作岗位。

转向 B 部分,该段落看似是基于证据的——即鲍尔和佩恩在《哈佛商业评论》上发表的文章,但深入探究后发现,它实际上探讨的是截然不同的话题。在同一期《哈佛商业评论》

中，另一篇由不同作者撰写的文章确实提出了相关主张——这正是我们之前提及的麦肯锡研究报告"终于有证据显示，着眼长远的管理能够带来回报"。该研究中，着眼长远的一个衡量标准是投资，但这并非没有争议。高投资并不总是着眼长远的体现，例如，一家足球俱乐部急于晋级冠军联赛而斥资数百万英镑签下球星，这种行为就可能是一种短期策略。

转向 C 部分，该研究确实验证了一个假设：即长期主义能够带来成功。研究涵盖了所有公司样本，无论其投资水平的高低。然而，该研究没有进行统计显著性检验，因此结果可能只是出于偶然。

在 D 部分，研究者本可以采用多种其他方法来衡量长期主义，比如考察 CEO 的薪酬是否与短期或长期业绩挂钩。其中存在普遍变量——一位卓越的 CEO 可能会因为拥有更佳的商业理念而加大投资；同时，这样一位 CEO 也可能直接促进公司绩效的提升。反向因果关系的问题同样存在，即公司的投资增加可能是因为对前景的乐观预期。

转向 E 部分，研究人员发现投资更多的公司表现更佳。马丁将这个描述转化为一个预测，他认为如果低投资公司提高投资水平，"投资者将额外获得高达 1 万亿美元的财富，劳动力市场将新增 500 万个工作岗位，同时国家的 GDP 也将额外增长超过 1 万亿美元"。然而，我们不能简单地将高投资公司的成果套用到低投资公司身上。对于那些处于衰退行业的公司，比如烟草公司，即使它们增加投资，其表现也不见得会有所提升，因为它们缺乏值得投资的好项目。麦肯锡的研究报告并未涉及投资者回报的相关数据，因此马丁所宣称的"投资者将额外获得高达 1 万亿美元的财富"站不住脚。

麦肯锡的研究并未在任何经过同行评审的学术期刊中发表，马丁的文章亦是如此。尽管《哈佛商业评论》在商业领域享有极高的声誉，但它并不属于那些实行同行评审制度的专业科学出版物。马丁是一位著作颇丰的作者，但没有博士学位，也没有在顶尖学术期刊上发表过研究。他在管理咨询领域颇有造诣，但在基于数据的学术研究方面经验相对欠缺。

致 谢

本书的完成得益于多方的支持和帮助。首先，我要衷心感谢我的经纪人 Chris Wellbelove、策划编辑 Jamie Birkett 和编辑 Celia Buzuk，感谢他们的远见卓识，特别是在我因个人偏见而执拗时，他们不断向我提出质疑和改进建议。感谢 Sarah Day 高效的校对工作。

撰写一本探讨错误资讯的书是很危险的，因为你可能会陷入自己正在批判的错误之中。在此，我要感谢研究员 Jesús Romo、Aubrey Rugo 和 Sarah Qian 在特定章节上提供的宝贵帮助，以及 Andrew Tickell 对全文进行的系统梳理。伦敦商学院和人文研究院给予了本研究慷慨资助。最后，倘若书中仍存在任何疏漏和错误，均由我一人承担。

Marc Canal、Chloe Fortier、Tom Gosling、Moqi Groen-Xu 和 Gaute Ulltveit-Moe 对本书进行了细致的审阅，并给予了宝贵的建议和建设性批评，对此我深表感激。在我迈出作家生涯的第二步时，Will Hutton 的指导仍然让我受益颇多。感谢每一位参与调研并对书名贡献宝贵建议的朋友们，特别是 Conor Minney，他的建议至关重要。我还要感谢那些在我寻求特定偏见或错误案例时予以回应的读者。

　　Lucy Emmerson 和 Clare Hayes Guymer 为本书带来了质的飞跃和蜕变。她们把原本可能枯燥的学术叙述雕琢为引人入胜的故事，精心调整行文和段落结构，使我的论点更加明晰，并对我的案例进行了深入探究。若非她们的贡献，这本书将是另一番面貌。

参考文献

序

1　The full name is the Business, Energy and Industrial Strategy Select Committee.

2　'There is a lot of evidence that high inter-wage disparities within companies are detrimental to company performance.' Transcript of the 15 November 2016 oral evidence session as part of the Corporate Governance Inquiry（HC 702）.

3　Edmans, Alex（2011）: 'Does the stock market fully value intangibles? Employee satisfaction and equity prices', *Journal of Financial Economics* 101, 621–40.

4　Faleye, Olubunmi, Ebru Reis and Anand Venkateswaran（2010）: 'The effect of executive–employee pay disparity on labor productivity'.

5　Faleye, Olubunmi, Ebru Reis and Anand Venkateswaran（2013）: 'The determinants and effects of CEO –employee pay ratios', *Journal of Banking and Finance* 37, 3258–72.

6　The law required every UK listed company with over 250 employees to publish its pay ratio from 2020（covering pay awarded in 2019）.

7　Ashworth-Hayes, Sam（2016）: 'We don't send Brussels £350m a week',

InFacts, 7 April 2016. Even the £120 million figure ignores any indirect benefits the UK received from EU membership, such as increased trade.

8 Davenas, Elisabeth et al. (1988): 'Human basophil degranulation triggered by very dilute antiserum against IgE', *Nature* 333, 816–18.

9 National Health and Medical Research Council (2015): 'NHMRC information paper: evidence on the effectiveness of homeopathy for treating health conditions', March 2015.

10 Martin, Neil (2020): 'Mars settlement likely by 2050 says UNSW expert—but not at levels predicted by Elon Musk', *UNSW News- room*, 10 March 2021.

11 Edwards, Erika and Vaughn Hillyard (2020): 'Man dies after taking chloroquine in an attempt to prevent coronavirus', NBC News, 23 March 2020.

12 Santos, Laurie: 'The science of well-being', Coursera.

13 Walker, Mason and Katerina Eva Matsa (2021): 'News consumption across social media in 2021', Pew Research Center.

14 Vosoughi, Soroush, Deb Roy and Sinan Aral (2018): 'The spread of true and false news online', *Science* 359, 1146–51.

第一章　确认偏误

1 Belle was actually seventeen in 2009 but claimed to be twenty.

2 Gibson, Belle (2014): 'The whole pantry: over 80 original gluten, refined sugar and dairy-free recipes to nourish your body and mind.' Penguin, Retrieved from https://books.google.co.uk/ books?id=kdG9BAA AQBAJ

3 Davey, Melissa (2016): 'Belle Gibson video submitted to court sparks condemnation over cancer claims', *Guardian*, 14 September 2016.

4 Donelly, Beau and Nick Toscano (2017): *The Woman Who Fooled the World: Belle Gibson's Cancer Con, and the Darkness at the Heart of the Wellness Industry*, Scribe Publications.

5　Manavis, Sarah（2020）：'How celebrities became the biggest peddlers of 5G coronavirus conspiracy theories', *New Statesman*, 6 April 2020.

6　Griffith, Erin（2021）：'What red flags? Elizabeth Holmes trial exposes investors' carelessness', *New York Times*, 4 November 2021.

7　Glover, Scott and Matt Lait（2005）：'The evidence seemed over-whelming against Bruce Lisker but was justice served?' *Los Angeles Times*, 22 May 2005.

8　https://www.thesaurus.com/browse/be%20consistent%20with/. Accessed 23 September 2023.

9　'The national registry of exonerations'. Available at https:// www.law. umich.edu/special/exoneration/Pages/about.aspx

10　Rossmo, D. Kim and Joycelyn M. Pollock（2019）：'Confirmation bias and other systemic causes of wrongful convictions: a sentinel events perspective', *Northeastern University Law Review* 11, 790–835.

11　Nickerson, Raymond S.（1998）：'Confirmation bias: a ubiquitous phenomenon in many guises', *Review of General Psychology* 2, 175–220.

12　Liu, Yao-Zhong et al.（2017）：'Carcinogenic effects of oil dispersants: a KEGG pathway-based RNA-seq study of human airway epithelial cells', *Gene* 602, 16–23.

13　Denic-Roberts, Hristinaet al.（2022）：'Acute and longer-term car-diovascular conditions in the Deepwater Horizon oil spill coast guard cohort', *Environment International* 158, 106937.

14　Rusiecki, Jennifer A. et al.（2022）：'Incidence of chronic respiratory conditions among oil spill responders: five years of follow-up in the Deepwater Horizon oil spill coast guard cohort study', *Environmental Research* 203, 111824.

15　'Report to the President', National Commission on the BP Deepwater Horizon Oil Spill and Offshore Drilling, January 2011.

16　Bartlit, Jr, Fred（2011）：'Presidential oil spill commission releases report from chief counsel, Fred Bartlit', *Bartlit Beck LLP*, February 2011.

17 Gilbert, Daniel, Todd C. Frankel and Joseph Menn（2023）：'Focused on profits, leaders made decisions that foreshadowed the bank's surprise failure', *Washington Post*, 2 April 2023.

18 Kaplan, Jonas T., Sarah I. Gimbeland Sam Harris（2016）：'Neural correlates of maintaining one's political beliefs in the face of counterevidence', *Scientific Reports* 6, 39589.

19 Westen, Drewet al.（2006）：'Neural bases of motivated reasoning: an FMRI study of emotional constraints on partisan political judgment in the 2004 US Presidential Election', *Journal of Cognitive Neuroscience* 18, 1947–58.

20 Lord, Charles G., Lee Ross and Mark R. Lepper（1979）：'Biased assimilation and attitude polarization: the effects of prior theories on subsequently considered evidence', *Journal of Personality and Social Psychology* 37, 2098–2109.

21 Wason, Peter（1960）：'On the failure to eliminate hypotheses in a conceptual task', *Quarterly Journal of Experimental Psychology* 12, 129–40.

22 Brock, Timothy C. and Joe L. Balloun（1967）：'Behavioral receptivity to dissonant information', *Journal of Personality and Social Psychology* 6, 413–28.

第二章 "非黑即白"思维

1 Rogak, Lisa（2005）：*Dr. Robert Atkins: The True Story of the Man behind the War on Carbohydrates*, Chamberlain Bros.

2 Gordon, Edgar S., Marchall Goldberg and Grace J. Chosy（1963）：'A new concept in the treatment of obesity', *Journal of the American Medical Association* 186, 50–60.

3 Fisher, Roxanne（2013）：'What is the Atkins diet?', *BBC Good Food*, 24

September 2013.

4 Trumbo, Paula et al.（2002）：'Dietary reference intakes for energy, carbohydrate, fiber, fat, fatty acids, cholesterol, protein and amino acid', *Journal of the American Dietetic Association* 102, 1621–30.

5 Seidelmann, Sara B. et al.（2018）：'Dietary carbohydrate intake and mortality: a prospective cohort study and meta-analysis', *Lancet* 3, E419–E428.

6 St. Jeor, Sachiko T. et al.（2001）：'Dietary protein and weight reduction: a statement for healthcare professionals from the Nutrition Committee of the Council on Nutrition, Physical Activity, and Metabolism of the American Heart Association', *Circulation* 104, 1869–74.

7 DeLosh, Edward L., Jerome R. Busemeyer and Mark A. McDaniel（1997）: 'Extrapolation: the sine qua non for abstraction in function learning', *Journal of Experimental Psychology: Learning, Memory, and Cognition* 23, 968–86.

8 *Economist*（2022）：'The world is going to miss the totemic 1.5° C climate target', 5 November 2022.

9 Rozin, Paul et al.（1999）：'Individual differences in disgust sensitivity: comparisons and evaluations of paper-and-pencil versus behavioral measures', *Journal of Research in Personality* 33, 330–51.

10 Rozin, Paul, Linda Millman and Carol Nemeroff（1986）：'Operation of the laws of sympathetic magic in disgust and other domains', *Journal of Personality and Social Psychology* 50, 703–12.

11 Cohen, Lauren, Umit G. Gurun and Quoc H. Nguyen（2021）：'The ESG-innovation disconnect: evidence from green patenting', NBER Working Paper 27990.

12 Heeb, Florian et al.（2022）：'Do investors care about impact?', *Review of Financial Studies*, forthcoming.

第三章 陈述并非事实

1　Reingold, Jennifer（2008）: 'Secrets of their success'（interview with Malcolm Gladwell）, 19 November 2008.

2　Gladwell writes 'let's test the [rule] with two examples' and claims that the examples support the rule. Later on in the chapter, he writes 'there's an easy way to test this theory', where the 'theory' refers to the hypothesis that you needed to be born in 1954 or 1955 to be a successful computer entrepreneur as you'd have accumulated 10, 000 hours of practice by the start of the IT revolution.

3　Edmans, Alex（2021）: 'What stakeholder capitalism can learn from Jensen and Meckling', *ProMarket*, 9 May 2021.

4　Milewski, Matthew D. et al.（2014）: 'Chronic lack of sleep is associated with increased sports injuries in adolescent athletes', *Journal of Pediatric Orthopaedics* 34, 129–33.

5　Two out of the ninety results were significant at the 10 per cent level, but the standard threshold is 5 per cent.

6　Minerva Analytics（2021）: 'Boardroom diversity improves financial performance', 23 July 2021.

7　Dave, Dhaval M. et al.（2020）: 'Black Lives Matter protests, social distancing, and COVID-19', IZA Institute of Labor Economics, Discussion Paper 13388.

8　Thomas, Chloe et al.（2022）: 'The health, cost and equity impacts of restrictions on the advertisement of high fat, salt and sugar products across the Transport for London network; a Health Economic Modelling Study', *International Journal of Behavioural Nutrition and Physical Activity* 19, 93.

9　Rawson, Simon（2022）: 'Living Wages for supermarket workers-decision time for investors'. ShareAction, 4 July 2022.

10　Heery, Edmund, David Nash and Deborah Hann（2017）: 'The Living

Wage employer experience', Cardiff Business School.

11　McKinsey & Company（2020）: 'COVID-19: briefing note', 25 March 2020.

12　Bolger, Thomas et al.（2019）: 'The invisible drag on UK R&D: how corporate incentives within the FTSE 350 inhibit innovation', *Nesta*, 7 August 2019

13　Urso, Federica and Simon Jessop（2022）: 'Boardrooms with more women deliver more on climate, says Arabesque', Reuters, 22 March 2022.

14　Pew Research Center（2009）: 'Health care reform closely followed, much discussed', 20 August 2009.

15　Fancy, Tariq（2021）: 'The secret diary of a "sustainable investor"', *Medium*, 20 August 2021.

16　Edmans, Alex（2021）: 'Is sustainable investing really a dangerous placebo?' *Medium*, 30 September 2021.

17　Power, William（2021）: 'Does sustainable investing really help the environment?', *Wall Street Journal*, 7 November 2021.

18　Eccles, Robert G.（2022）: 'The topology of hate for ESG', *Forbes*, 3 June 2022.

19　'John Mearsheimer on why the West is principally responsible for the Ukrainian crisis', *Economist*, 19 March 2022.

第四章　事实并非数据

1　Issacson, Walter（2011）: *Steve Jobs*, Simon & Schuster.

2　While citizens have to disclose gains and losses in their tax returns, many may be below the filing threshold（e.g. in the UK, you don't have to report if your net gains are below an allowance, currently £12, 300）. In addition, tax returns are confidential and researchers don't have access to them.

3　Barber, Brad and Terrance Odean（2000）: 'Trading is hazardous to your wealth: the common stock investment performance of individual investors', *Journal of Finance* 55, 773–806.

4　Curry, Colleen（2013）：'Jeff Bezos and Steve Jobs: both estranged from dads and wild tech successes', ABC News, 12 October 2013.

5　Isaacson, Walter（2012）：'The real leadership lessons of Steve Jobs', *Harvard Business Review*, April 2012.

6　Staw, Barry M.（1975）：'Attribution of the "causes" of perform-ance: a general alternative interpretation of cross-sectional research on organizations', *Organizational Behavior and Human Performance* 13, 414–32.

第五章　数据并非证据：数据挖掘

1　The £800 figure is in today'sprices.

2　Edmans, Alex（2011）：'Does the stock market fully value intangibles? Employee satisfaction and equity prices', *Journal of Financial Economics* 101, 621–40.

3　Hill, Russell A. and Robert A. Barton（2005）：'Red enhances human performance in contests', *Nature* 435, 293.

4　Elliot, Andrew J. et al.（2007）：'Color and psychological functioning: the effect of red on performance attainment', *Journal of Experimental Psychology: General* 136, 154–68.

5　Kamstra, Mark J., Lisa A. Kramer and Maurice D. Levi（2000）：'Losing sleep at the market: the daylight saving anomaly', *American Economic Review* 90, 1005–11.

6　Kamstra, Mark J., Lisa A. Kramer and Maurice D. Levi（2003）：'Winter blues: a SAD stock market cycle', *American Economic Review* 93, 324–43.

7　Hirshleifer, David and Tyler Shumway（2003）：'Good day sunshine: stock returns and the weather', *Journal of Finance* 58, 1009–32.

8　Yuan, Kathy, Lu Zheng and Qiaoqiao Zhu（2006）：'Are investors moonstruck? Lunar phases and stock returns', *Journal of Empirical Finance* 13, 1–23.

9　Carroll, Douglas et al.（2002）:'Admissions for myocardial infarction and World Cup football: database survey', *British Medical Journal* 325, 1439–42.

10　Trovato, Frank（1998）:'The Stanley Cup of hockey and suicide in Quebec, 1951–1992', *Social Forces* 77, 105–26.

11　White, Garland F.（1989）:'Media and violence: the case of professional football championship games', *Aggressive Behavior* 15, 423–33.

12　Edmans, Alex, Diego García and Øyvind Norli（2007）:'Sports sentiment and stock returns', *Journal of Finance* 62, 1967–98.

13　Chanavat, André and Katharine Ramsden（2013）:'Mining the metrics of board diversity', Thomson Reuters.

14　'The effect of the 2014 World Cup on stock markets–Alex Edmans and CNN's Richard Quest'. Available at https://bit.ly/ soccercnn

第六章　数据并非证据：因果关系

1　Castro, Rita Amielet al.（2021）:'Breastfeeding, prenatal depression and children's IQ and behaviour: a test of a moderation model', *BMC Pregnancy and Childbirth* 21, 62.

2　Al Thuneyyan, Danyah Abdullah et al.（2022）:'The effect of breastfeeding on Intelligence Quotient and social intelligence among seven- to nine-year-old girls: a pilot study', *Frontiers in Nutrition*, 18 February 2022.

3　Bayer, Ilker S.（2018）:'Advances in tribology of lubricin and lubricin-like synthetic polymer nanostructures', *Lubricants* 6, 3; and Jay, Gregory D. and Kimberly A. Waller（2014）:'The biology of lubricin: near frictionless joint motion', *Matrix Biology* 39, 17–24. The first article gives synovial fluid's friction coefficient as 0.001; the second article gives

[]

Teflon's as 0.04.

4　Der, Geoff G., David Batty and Ian J. Deary（2006）：'Effect of breast feeding on intelligence in children: prospective study, sibling pairs analysis, and meta-analysis', *British Medical Journal* 333, 945.

5　EY（2022）：'Press release: prioritizing emotions is the key to success for business transformation', 28 June 2022.

6　Said Business School（2022）：'Prioritising emotions is the key to success for business transformation, groundbreaking Saïd Business School and EY research finds', 28 June 2022.

7　Travaglio, Marco et al.（2020）：'Link between air pollution and Covid-19 in England', *Environmental Pollution* 268, 115859.

8　Carrington, Damian（2020）：' "Compelling" evidence air pollution worsens coronavirus–study', *Guardian*, 13 July 2020.

9　Barton, Dominic, James Manyika and Sarah Keohane Williamson（2017）：'Finally, evidence that managing for the long term pays off', *Harvard Business Review*, 7 February 2017.

10　Edmans, Alex（2012）：'The link between job satisfaction and firm value, with implications for corporate social responsibility', *Academy of Management Perspectives* 26, 1–19.

11　Rambotti, Simone（2015）：'Recalibrating the spirit level: an analysis of the interaction of income inequality and poverty and its effect on health', *Social Science & Medicine* 139, 123–31.

12　Wei, Yuan et al.（2021）：'Smoking cessation in late life is associated with increased risk of all-cause mortality amongst oldest old people: a community-based prospective cohort study', *Age and Ageing* 50, 1298305.

第七章　当数据成为证据

1　Bown, Stephen R.（2003）：'Scurvy: how a surgeon, a mariner, and a gentleman solved the greatest medical mystery of the Age of Sail',

Summersdale.

2　Bureau of Labor Statistics（2023）:'Usual weekly earnings of wage and salary workers second quarter 2023', 18 July 2023. In Q3 2022, the median weekly earnings of blacks in the US was $881 compared to $1, 101 for whites.

3　Bertrand, Marianne and Sendhil Mullainathan（2004）: 'Are Emily and Greg more employable than Lakisha and Jamal? A field experiment on labor market discrimination', *American Economic Review* 94, 991–1013.

4　Hoxby, Caroline M.（2000）: 'Does competition among public schools benefit students and taxpayers?' *American Economic Review* 90, 1209–38.

5　Bennedsen, Mortenet al.（2007）: 'Inside the family firm: the role of families in succession decisions and performance', *Quarterly Journal of Economics* 122, 647–91.

第八章　证据并非证明

1　Taylor, Frederick Winslow（1906）: *On the Art of Cutting Metals*, American Society of Mechanical Engineers: New York.

2　Taylor, Frederick W.（1911）: *The Principles of Scientific Management*, Harper & Brothers: New York and London.

3　Au, Wayne（2011）: 'Teaching under the new Taylorism: highstakes testing and the standardization of the 21st Century Curriculum', *Journal of Curriculum Studies* 43, 25–45.

4　Bobbitt, John Franklin（1912）: 'The elimination of waste in education', *Elementary School Teacher* 12, 259–71.

5　Ireh, Maduakolam（2016）: 'Scientific management still endures in education'.

6　Paige, Rod（2003）: Letter to the editor, *New Yorker*, 6 October 2003.

7　Renter, D. S. et al.（2006）: 'From the capital to the classroom: year 4 of the No Child Left Behind Act', Center on Education Policy: Washington,

DC .

8 Houghton Mifflin Reading: *A Legacy of Literacy*, California Teacher's Edition, grade 1.

9 Hadley Dunn, Alyssa, Matthew Deroo and Jennifer VanDerHeide（2017）: 'With regret: the genre of teachers' public resignation letters', *Linguistics and Education* 38, 33–43.

10 Ferriss, Timothy（2010）: *The 4-Hour Body: An Uncommon Guide to Rapid Fat-loss, Incredible Sex, and Becoming Superhuman*, Crown Publishing Group.

11 Iasevoli, Brenda（2017）: 'Teachers go public with their resignation letters', *Education Week*, 14 April 2017.

12 Duckworth, A. L. et al.（2007）: 'Grit: perseverance and passion for long-term goals', *Journal of Personality and Social Psychology*, 92（6）, 1087–101.

13 Duckworth, A. L. et al.（2011）: 'Deliberate practice spells success: why grittier competitors triumph at the National Spelling Bee', *Social Psychological and Personality Science*, 2（2）, 174–81.

14 Duckworth, A. L. et al.（2007）: 'Grit: perseverance and passion for long-term goals', *Journal of Personality and Social Psychology*, 92（6）, 1087–101.

15 Scelfo, Julie（2016）: 'Angela Duckworth on passion, grit, and success', *New York Times*, 8 April 2016.

16 Credé, Marcus（2018）: 'What shall we do about grit? A critical review of what we know and what we don't know', *Educational Researcher* 47, 606–11; Credé, Marcus, Michael C. Tynan and Peter D. Harris（2017）: 'Much ado about grit: a meta-analytic synthesis of the grit literature', *Journal of Personality and Social Psychology*, 113（3）, 492–511.

17 Sawka, Michael N. et al.（2007）: 'American College of Sports Medicine Position stand: exercise and fluid replacement', *Medicine and Science in*

Sports and Exercise, 39, 377–90.

18　Yeh, Robert W. et al.（2018）: 'Parachute use to prevent death and major trauma when jumping from aircraft: randomized controlled trial', *British Medical Journal* 363.

第九章　作为个体更聪明地思考

1　Covey, Stephen R.（1989）: *7 Habits of Highly Effective People*, Free Press.

2　Securities and Exchange Commission 17 CFR Parts 229 and 249（Release Nos. 33-9877; 34-75610; File No. S7-07-13）.

3　Ioannidis, John P. A.（2015）: 'Stealth research: is biomedical innovation happening outside the peer-reviewed literature?', *Journal of the American Medical Association*, 313, 663–4.

4　Carreyrou, John（2018）: *Bad Blood: Secrets and Lies in a Silicon Valley Startup*, Penguin Random House.

5　Emerson, Gwendolyn B. et al.（2010）: 'Testing for the presence of positive-outcome bias in peer review: arandomized controlled trial', *Archives of Internal Medicine* 170, 1934–9.

6　Carney, Dana R., Amy J. C. Cuddy and AndyJ. Yap（2010）: 'Power posing–brief nonverbal displays affect neuroendocrine levels and risk tolerance', *Psychological Science* 21: 1363–8.

7　Ranehill, Eva et al.（2015）: 'Assessing the robustness of power posing: no effect on hormones and risk tolerance in a large sample of men and women', *Psychological Science* 26, 652–6.

8　Wakefield A. et al.（1998）: 'Ileal-lymphoid-nodular hyperplasia, non-specific colitis, and pervasive developmental disorder in children', *Lancet* 351（9103）: 637–41.

9　National Health and Medical Research Council（2015）: 'NHMRC information paper: evidence on the effectiveness of homeopathy for treating health conditions', March 2015.

10 Grant Thornton (2019): 'Corporate governance and company performance: a proven link between effective corporate governance and value creation'.

11 Fabo, Brian et al. (2021): 'Fifty shades of QE: comparing findings of central bankers and academics', *Journal of Monetary Economics* 120, 1–20.

12 Allen, David (2001): *Getting Things Done*, Penguin.

13 Keegan, Paul (2007): 'How David Allen mastered getting things done', *Business 2.0 Magazine*, 21 June 2007.

14 https://twitter.com/TwitterComms/status/1309178716988354561

15 Pennycook, Gordon et al. (2021): 'Shifting attention to accuracy can reduce misinformation online', *Nature* 592, 590–95.

第十章 打造能更聪明思考的组织

1 Janis, Irving L. (1971): 'Groupthink', *Psychology Today* 5, 84–90.

2 Malmendier, Ulrike (2021): 'Experience effects in finance: foundations, applications, and future directions', *Review of Finance* 25, 1339–63.

3 PwC and AIESEC (2016): 'Tomorrow's leaders today'.

4 Dallek, Robert (2013): 'JFK vs. the military', *Atlantic*, 10 September 2013.

5 Aggarwal, Ishani et al. (2019): 'The impact of cognitive style diversity on implicit learning in teams', *Frontiers in Psychology* 10, 112.

6 Fos, Vyacheslav, Elisabeth Kempf and Margarita Tsoutsoura (2023): 'The political polarization of corporate America', *National Bureau of Economic Research* 30183.

7 Loyd, Denise Lewin et al. (2013): 'Social category diversity promotes premeeting elaboration: the role of relationship focus', *Organization Science* 24, 757–72.

8　Phillips, Katherine W., Katie A. Liljenquist and Margaret A. Neale（2009）：'Is the pain worth the gain? The advantages and liabilities of agreeing with socially distinct newcomers', *Personality and Social Psychology Bulletin* 35, 336–50.

9　Edmans, Alex, Caroline Flammer and Simon Glossner（2023）：'Diversity, equity, and inclusion'.

10　Allison, Graham T. and Philip D. Zelikow（1999）[1971]: *Essence of Decision: Explaining the Cuban Missile Crisis*（2ndedn）. New York: Addison Wesley Longman. pp. 111–16.

11　Bikhchandani, Sushil, David Hirshleifer and Ivo Welch（1992）：'A theory of fads, fashion, custom, and cultural change as informational cascades', *Journal of Political Economy* 100, 5, October 1992, 992–1026.

12　Soeters, Joseph L. and Peter C. Boer（2000）：'Culture and flight safety in military aviation', *International Journal of Aviation Psychology* 10, 111–33.

13　Rozenbilt, Leonid and Frank Keil（2002）：'The misunderstood limits of folk science: an illusion of explanatory depth', *Cognitive Science* 26, 521–62.

14　Fernbach, Philip M. et al.（2013）：'Political extremism is supported by an illusion of understanding', *Psychological Science* 24, 939–46.

第十一章　打造能更聪明思考的社会

1　Lord, Charles G., Mark R. Lepper and Elizabeth Preston（1984）：'Considering the opposite: a corrective strategy for social judgment', *Journal of Personality and Social Psychology* 47, 1231–43.

2　Fong, Geoffrey T., David H. Krantz and Richard E. Nisbett（1986）：'The effects of statistical training on thinking about everyday problems', *Cognitive Psychology* 18, 253–92.

3　Kahan, Dan M. et al.（2017）：'Science curiosity and political information processing', *Advances in Political Psychology* 38, 179–99.

4 Perkins, D. N.（1985）：'Postprimary education has little impact on informal reasoning', *Journal of Educational Psychology* 77, 562–71.

5 Perkins, David（2019）：'Learning to reason: the influence of instruction, prompts and scaffolding, metacognitive knowledge, and general intelligence on informal reasoning about everyday social and political issues', *Judgment and Decision Making* 14, 624–43.

6 Kahan, Dan M.（2015）：'Climate-science communication and the Measurement Problem', *Advances in Political Psychology* 36, 1–43.

7 Kahan, Dan M. et al.（2010）：'Who fears the HPV vaccine, who doesn't, and why? An experimental study of the mechanisms of cultural cognition', *Law and Human Behavior* 34, 501–16.

8 Kahan, Dan M. et al.（2015）：'Geoengineering and climate change polarization: testing a two-channel model of science communication', *ANNALS of the American Academy of Political and Social Science* 658.

9 Ranehill, Eva et al.（2015）：'Assessing the robustness of power posing: no effect on hormones and risk tolerance in a large sample of men and women', *Psychological Science* 26, 652–6.

10 Nyhan, Brendan and Jason Reifler（2015）：'The effect of factchecking on elites: a field experiment on U.S. state legislators', *American Journal of Political Science* 59, 628–40.

11 Henry, Emeric, Ekaterina Zhuravskaya and Sergei Guriev（2022）：'Checking and sharing alt-facts', *American Economic Journal: Economic Policy* 14, 55–86.

12 Pennycook, Gordon et al.（2020）：'The implied truth effect: attaching warnings to a subset of fake news headlines increases perceived accuracy of headlines without warnings', *Management Science* 66, 4944–57.

作者简介

亚历克斯·爱德蒙斯，伦敦商学院金融学教授，沃顿商学院终身教授，麻省理工学院博士、富布赖特学者，英国社会科学院院士，曾是摩根士丹利银行家。他在 TED 发表的演讲"在后真相的世界里该相信什么"播放量高达 200 万次，还曾在达沃斯世界经济论坛上发表演讲。

他担任投资者论坛、世界经济论坛全球未来负责任投资理事会、皇家伦敦资产管理公司负责任投资咨询委员会的非执行董事。

爱德蒙斯定期为《华尔街日报》《金融时报》和《哈佛商业评论》撰稿，他的第一本书《蛋糕经济学》是《金融时报》2020 年度最佳图书，已被翻译成九种语言。他是《公司财务原理》（*Principles of Corporate Finance*）的合著者。他在沃顿商学院和伦敦商学院赢得了 30 个教学奖项，2021年被"Poets and Quants"网站评选为"MBA 年度教授"。